Anweisung zur Bekämpfung der Pocken

Festgestellt in der Sitzung des Bundesrats
vom 28. Januar 1904

Amtliche Ausgabe
unter Berücksichtigung der ergangenen Abänderungen
(Ausgabe mit Sachverzeichnis)

Springer-Verlag Berlin Heidelberg GmbH 1930

Preis einzeln RM 1,20; 100 Stück RM 100,—.
ISBN 978-3-662-39393-2   ISBN 978-3-662-40449-2 (eBook)
DOI 10.1007/978-3-662-40449-2

Vorbemerkung.

Die Anweisung bildet eine Zusammenstellung der auf die Bekämpfung der Pocken bezüglichen Vorschriften aus nachbezeichneten Bestimmungen:
1. Gesetz, betreffend die Bekämpfung gemeingefährlicher Krankheiten, vom 30. Juni 1900 (Reichs-Gesetzbl. 1900 S. 306).
2. Ausführungsbestimmungen zu dem Gesetze, betreffend die Bekämpfung gemeingefährlicher Krankheiten, vom 30. Juni 1900 — II Bekämpfung der Pocken — (Reichs-Gesetzbl. 1904 S. 92).
3. Bekanntmachung des Reichskanzlers, betreffend die wechselseitige Benachrichtigung der Militär- und Polizeibehörden über das Auftreten übertragbarer Krankheiten, vom 24. Februar 1920 (Reichs-Gesetzbl. S. 281).

Außerdem sind berücksichtigt Maßregeln, welche vom Reichsgesundheitsamt und vom Reichsgesundheitsrat vorgeschlagen worden sind und die Zustimmung des Bundesrats gefunden haben.

Inhaltsverzeichnis.

	Seite
Anweisung zur Bekämpfung der Pocken	5
I. Anzeigepflicht	5
II. Die Ermittelung der Krankheit	6
III. Maßregeln gegen die Weiterverbreitung der Krankheit	7
IV. Maßregeln bei gehäuftem Auftreten der Pocken	13
V. Vorschriften für besondere Verhältnisse. Mitteilungen an das Reichsgesundheitsamt	15
VI. Allgemeine Vorschriften	18
Anlage 1. Anzeige eines Falles von Pocken (Blattern)	20
Anlage 2. Gemeinverständliche Belehrung über die Pockenkrankheit und ihre Verbreitungsweise	21
Anlage 3. Desinfektionsanweisung bei Pocken (Blattern)	24
Anhang. Besondere Vorschriften für die Desinfektion auf Schiffen und Flößen	31
Anlage 4. Grundsätze für Maßnahmen im Eisenbahnverkehr beim Auftreten der Pocken	32
Anlage 5. Wöchentliche Nachweisung über Erkrankungs- und Todesfälle an Pocken	37
Anlage 6. Zählkarte für Erkrankungen und Todesfälle an Pocken	38
Anhang. Ratschläge an Ärzte für die Bekämpfung der Pocken	41
Sachverzeichnis	49

Anweisung zur Bekämpfung der Pocken.

I. Anzeigepflicht.

§ 1.

Jede Erkrankung und jeder Todesfall an Pocken (Blattern) sowie jeder Fall, welcher den Verdacht dieser Krankheit erweckt, ist der für den Aufenthaltsort des Erkrankten oder den Sterbeort zuständigen Polizeibehörde unverzüglich mündlich oder schriftlich anzuzeigen. §§ 1, 4 des Gesetzes.

Wechselt der Erkrankte den Aufenthaltsort, so ist dies unverzüglich bei der Polizeibehörde des bisherigen und des neuen Aufenthaltsorts zur Anzeige zu bringen.

§ 2.

Zur Anzeige sind verpflichtet: § 2 des Gesetzes.
1. der zugezogene Arzt,
2. der Haushaltungsvorstand,
3. jede sonst mit der Behandlung oder Pflege des Erkrankten beschäftigte Person,
4. derjenige, in dessen Wohnung oder Behausung der Erkrankungs- oder Todesfall sich ereignet hat,
5. der Leichenschauer.

Die Verpflichtung der unter Nr. 2 bis 5 genannten Personen tritt nur dann ein, wenn ein früher genannter Verpflichteter nicht vorhanden ist.

Für Krankheits- und Todesfälle, welche sich in öffentlichen Kranken-, Entbindungs-, Pflege-, Gefangenen- und ähnlichen Anstalten ereignen, ist der Vorsteher der Anstalt oder die von der zuständigen Stelle damit beauftragte Person ausschließlich zur Erstattung der Anzeige verpflichtet. § 3 des Gesetzes.

Auf Schiffen oder Flößen gilt als der zur Erstattung der Anzeige verpflichtete Haushaltungsvorstand der Schiffer oder Floßführer oder deren Stellvertreter.

§ 3.

Zur Erleichterung der Anzeigeerstattung empfiehlt sich die Benutzung von Kartenbriefen, welche den aus der Anlage 1 ersichtlichen Vordruck aufweisen. Es ist Sorge zu tragen, daß den Anzeigepflichtigen Kosten dadurch nicht erwachsen. Anlage 1.

II. Die Ermittelung der Krankheit.

§ 4.

§ 6 Abf. 1 des Gesetzes.

Die Polizeibehörde muß, sobald sie von dem Ausbruch oder dem Verdachte des Auftretens der Pocken Kenntnis erhält, den zuständigen beamteten Arzt sofort benachrichtigen. Dieser hat alsdann unverzüglich an Ort und Stelle Ermittelungen über die Art, den Stand und die Ursache der Krankheit vorzunehmen und der Polizeibehörde eine Erklärung darüber abzugeben, ob der Ausbruch der Krankheit festgestellt oder der Verdacht des Ausbruchs begründet ist. Es empfiehlt sich für den beamteten Arzt, wenn er einen Pockenfall festzustellen hat, sich mit Impfstoff zu versehen, um gegebenenfalls schon bei seinem ersten Besuch in der Behausung des Kranken die Schutzpockenimpfung der Umgebung vornehmen zu können. In Notfällen kann der beamtete Arzt die Ermittelungen auch vornehmen, ohne daß ihm eine Nachricht der Polizeibehörde zugegangen ist.

§ 6 Abf. 3 des Gesetzes.

Es ist wünschenswert, daß der beamtete Arzt bei jedem Falle von Erkrankung an Pocken oder Krankheitsverdacht die Ermittelungen an Ort und Stelle vornimmt.

§ 6 Abf. 2 des Gesetzes.

In Ortschaften mit mehr als 10000 Einwohnern, in welchen die Seuche bereits festgestellt ist, muß nach den Bestimmungen des Abs. 1 auch dann verfahren werden, wenn Erkrankungs- oder Todesfälle an Pocken in einem räumlich abgegrenzten Teile der Ortschaft, welcher von der Krankheit bis dahin verschont geblieben war, vorkommen.

§ 5.

§ 7 des Gesetzes.

Dem beamteten Arzte ist, soweit er es zur Feststellung der Krankheit für erforderlich und ohne Schädigung des Kranken für zulässig hält, der Zutritt zu dem Kranken oder zur Leiche und die Vornahme der zu den Ermittelungen über die Krankheit erforderlichen Untersuchungen zu gestatten.

Der behandelnde Arzt ist berechtigt, den Untersuchungen beizuwohnen. Der beamtete Arzt hat ihn von dem Zeitpunkt und dem Ort der Untersuchungen tunlichst rechtzeitig zu benachrichtigen.

Die im § 2 aufgeführten Personen sind verpflichtet, über alle für die Entstehung und den Verlauf der Krankheit wichtigen Umstände dem beamteten Arzte und der zuständigen Behörde auf Befragen Auskunft zu erteilen.

§ 6.

Nach dem Eintreffen bei dem Kranken hat der beamtete Arzt festzustellen, ob ein Ausbruch der Pocken oder ein Verdacht des Ausbruchs anzunehmen ist. Er hat genau zu ermitteln, wie lange die verdächtigen Krankheitserscheinungen schon bestanden haben, sowie wo und wie sich der Kranke vermutlich angesteckt hat. Insbesondere ist nachzuforschen, wo sich der Kranke in den letzten vierzehn Tagen vor Beginn der Erkrankung aufgehalten hat, mit welchen Personen er in Berührung gekommen ist, ob auf seiner Arbeitsstätte verdächtige Erkrankungen vorgekommen sind, ob er von auswärts Besuch erhalten hatte und woher, ob der Kranke oder Angehörige von ihm in den letzten vierzehn Tagen außerhalb der Ortschaft gewesen sind und wo, ob Sendungen mit gebrauchten Kleidungsstücken, Wäsche oder dergleichen in letzter Zeit eingetroffen sind und woher, ob der Kranke mit dem Auspacken usw. von Waren verdächtiger Herkunft oder in einem Betriebe beschäftigt gewesen ist, in welchem Waren, die erfahrungsgemäß leicht Träger des Ansteckungsstoffs sein können, verarbeitet werden (Verkaufsstätten, Lagerräume und Reinigungsanstalten für Bettfedern, Roßhaare, Lumpen, ferner Papierfabriken, Kunstwollfabriken u. dgl.), und woher diese Waren stammten.

III. Maßregeln gegen die Weiterverbreitung der Krankheit.

§ 7.

Ist nach dem Gutachten des beamteten Arztes der Ausbruch der Pocken festgestellt oder der Verdacht des Ausbruchs begründet, so hat die Polizeibehörde unverzüglich die zur Verhütung der Weiterverbreitung der Krankheit erforderlichen Maßnahmen zu treffen. *§ 8 des Gesetzes.*

Bei allen verdächtigen Erkrankungen ist, solange nicht der Verdacht sich als unbegründet erwiesen hat, so zu verfahren, als ob es sich um wirkliche Pockenfälle handelt. Jedoch hat die Polizeibehörde mindestens alle drei Tage durch den beamteten Arzt Ermittelungen darüber anstellen zu lassen, ob der Krankheitsverdacht durch den weiteren Verlauf der Krankheitserscheinungen bestätigt wird.

Bei Gefahr im Verzuge hat der beamtete Arzt schon vor dem Einschreiten der Polizeibehörde die zur Verhütung der Verbreitung der Krankheit zunächst erforderlichen Maßregeln anzuordnen. Der Vorsteher der Ortschaft hat den von dem beamteten Arzte getroffenen Anordnungen Folge zu leisten. Von den Anordnungen hat der beamtete Arzt der Polizeibehörde sofort schriftliche Mitteilung zu machen; sie bleiben solange in Kraft, bis von der zuständigen Behörde anderweitige Verfügung getroffen wird. *§ 9 des Gesetzes.*

§ 8.

An den Pocken erkrankte oder krankheitsverdächtige Personen sind ohne Verzug abzusondern. Als krankheitsverdächtig sind solche Personen zu betrachten, welche unter Erscheinungen erkrankt sind, die den Ausbruch der Pocken befürchten lassen. *Nr. 2 Abs. 1 der Ausführungsbestimmungen.*

Die Absonderung hat derart zu erfolgen, daß der Kranke mit anderen als den zu seiner Pflege bestimmten Personen, dem Arzte oder dem Seelsorger, nicht in Berührung kommt und eine Verbreitung der Krankheit tunlichst ausgeschlossen ist. Angehörigen und Urkundspersonen ist, soweit es zur Erledigung wichtiger und dringender Angelegenheiten geboten ist, der Zutritt zu dem Kranken unter Beobachtung der erforderlichen Maßregeln gegen eine Weiterverbreitung der Krankheit zu gestatten. *§ 14 Abs. 2 des Gesetzes.*

Werden auf Erfordern der Polizeibehörde in der Behausung des Kranken die nach dem Gutachten des beamteten Arztes zum Zwecke der Absonderung notwendigen Einrichtungen nicht getroffen, so kann, falls der beamtete Arzt es für unerläßlich und der behandelnde Arzt es ohne Schädigung des Kranken für zulässig erklärt, die Überführung des Kranken in ein geeignetes Krankenhaus oder einen anderen geeigneten Unterkunftsraum angeordnet werden. Als geeignet sind nur solche Krankenhäuser oder Unterkunftsräume anzusehen, in welchen die Absonderung der Kranken nach Maßgabe des Abs. 2 erfolgen kann.

§ 14 Abs. 3 des Gesetzes.

Krankheitsverdächtige Personen dürfen nicht in demselben Raume mit Pockenkranken untergebracht werden.

§ 9.

Nr. 2 Abs. 4 der Ausführungsbestimmungen.

Zur Fortschaffung von Kranken und Krankheitsverdächtigen sollen dem öffentlichen Verkehre dienende Beförderungsmittel (Droschken, Straßenbahnwagen u. dgl.) in der Regel nicht benutzt werden.

Nr. 5 Abs. 1 der Ausführungsbestimmungen.

Es ist Vorsorge zu treffen, daß Fahrzeuge und andere Beförderungsmittel, welche zur Fortschaffung von kranken oder krankheitsverdächtigen Personen gedient haben, alsbald und vor anderweitiger Benutzung desinfiziert werden.

§ 10.

Sobald wegen Absonderung der kranken und der krankheitsverdächtigen Personen die nötigen Anordnungen getroffen sind, ist festzustellen, welche Personen als ansteckungsverdächtig anzusehen sind.

Nr. 1 Abs. 1 der Ausführungsbestimmungen.

Als ansteckungsverdächtig sind zu betrachten diejenigen Personen, welche mit einer an den Pocken erkrankten oder verstorbenen Person unmittelbar oder, wie z. B. Arbeitsgenossen, unter Umständen auch Boten, Briefträger und dergleichen, nur mittelbar in Berührung gekommen sind, aber noch keine verdächtigen Krankheitserscheinungen zeigen, ferner die Bewohner eines Hauses, in welchem ein Pockenfall festgestellt ist, sowie Arbeiter, welche mit Sachen, die möglicherweise den Krankheitsstoff an sich tragen (Hadern, Haare, Bettfedern u. dgl.) umgegangen sind.

Nr. 2 Abs. 2 der Ausführungsbestimmungen.

Ansteckungsverdächtige Personen sind abzusondern,
 a) wenn anzunehmen ist, daß sie weder mit Erfolg geimpft sind noch die Pocken überstanden haben;
 b) wenn sie mit einem Pockenkranken in Wohnungsgemeinschaft leben oder sonst mit einem solchen Kranken oder mit einer Pockenleiche in unmittelbare Berührung gekommen sind. In diesem Falle kann jedoch die Absonderung unterbleiben, sofern der beamtete Arzt die Beobachtung für ausreichend erachtet.

Die Absonderung ansteckungsverdächtiger Personen darf die Dauer von vierzehn Tagen, gerechnet vom Tage der letzten Ansteckungsgelegenheit, nicht übersteigen und ist in dem Falle unter a) aufzuheben, sobald der Nachweis der erfolgten Impfung erbracht wird.

Auf die Absonderung ansteckungsverdächtiger Personen finden die Bestimmungen des § 8 Abs. 2 sinngemäße Anwendung. Jedoch dürfen ansteckungsverdächtige Personen nicht in demselben Raume mit kranken Personen untergebracht werden. Mit krankheitsverdächtigen Personen dürfen ansteckungsverdächtige Personen in demselben Raume nur untergebracht werden, soweit der beamtete Arzt es für zulässig hält.

Ansteckungsverdächtige Personen, welche nur mittelbar mit dem Kranken oder der Leiche in Berührung gekommen sind, insbesondere die nicht in Wohnungsgemeinschaft mit dem Kranken lebenden Bewohner des Hauses, ferner Arbeitsgenossen, unter Umständen auch Briefträger, Boten und dergleichen, sind lediglich einer Beobachtung zu unterwerfen. Die Beobachtung soll nicht länger als vierzehn Tage, gerechnet vom Tage der letzten Ansteckungsgelegenheit, dauern. Sie ist in schonender Form und so vorzunehmen, daß Belästigungen tunlichst vermieden werden. Sie wird in der Regel darauf beschränkt werden können, daß durch einen Arzt oder durch eine sonst geeignete Person zeitweise Erkundigungen über den Gesundheitszustand der betreffenden Personen eingezogen werden.

Erklärt der beamtete Arzt es für erforderlich, daß die der Beobachtung unterstellten Personen Wirtshäusern, Spielplätzen, öffentlichen Versammlungsorten und gemeinschaftlichen Arbeitsstätten fernbleiben oder sonst sich Verkehrsbeschränkungen unterwerfen, und sind diese Personen hierzu nicht bereit, so ist je nach Lage des Falles deren Absonderung anzuordnen.

Wechselt eine der Beobachtung unterstellte Person den Aufenthalt, so ist die Polizeibehörde des neuen Aufenthaltsorts behufs Fortsetzung der Beobachtung von der Sachlage in Kenntnis zu setzen.

§ 11.

Eine verschärfte Art der Beobachtung, verbunden mit Beschränkungen in der Wahl des Aufenthalts oder der Arbeitsstätte (z. B. Anweisung eines bestimmten Aufenthalts, Verpflichtung zum zeitweisen persönlichen Erscheinen vor der Gesundheitsbehörde, Untersagung des Verkehrs an bestimmten Orten) ist solchen Personen gegenüber zulässig, welche obdachlos oder ohne festen Wohnsitz sind oder berufs- oder gewohnheitsmäßig umherziehen, z. B. fremdländische Auswanderer und Arbeiter, fremdländische Drahtbinder, Zigeuner, Landstreicher, Hausierer.

§ 12.

Behufs zuverlässiger Durchführung der Schutzmaßregeln hat der beamtete Arzt ein Verzeichnis

1. der an den Pocken erkrankten Personen,
2. der krankheitsverdächtigen Personen,
3. der ansteckungsverdächtigen Personen

aufzunehmen und alsbald der Polizeibehörde vorzulegen.

Bei den unter 3 genannten Personen ist anzugeben, inwieweit ihre Beobachtung genügt oder aus welchen Gründen bei einzelnen die Absonderung erfolgen muß.

§ 13.

Nr. 2 Abs. 6 der Ausführungsbestimmungen.

Denjenigen Personen, welche der Pflege und Wartung von Pockenkranken sich widmen, ist aufzugeben, den Verkehr mit anderen Personen solange als erforderlich tunlichst zu vermeiden. Auch ist ihnen die Befolgung der Desinfektionsanweisung und die Einhaltung der sonstigen gegen die Weiterverbreitung der Krankheit von dem beamteten Arzte für nötig befundenen Maßnahmen zur Pflicht zu machen.

Es ist in geeigneter Weise darauf hinzuwirken, daß zur Pflege und Behandlung von Pockenkranken nur solche Personen zugelassen werden, welche die Pocken überstanden haben oder durch Impfung hinreichend geschützt sind oder sich sofort der Impfung oder Wiederimpfung unterwerfen.

§ 14.

Anlage 2.

Die Polizeibehörde hat dafür Sorge zu tragen, daß der Haushaltungsvorstand auf die Übertragbarkeit der Pocken und auf die gefährlichen Folgen eines Verkehrs mit dem Kranken aufmerksam gemacht wird. Zu diesem Zweck ist ihm die beigefügte gemeinverständliche Belehrung (Anlage 2) einzuhändigen.

§ 15.

Nr. 4 der Ausführungsbestimmungen.

§ 14 Abs. 1 des Gesetzes.

Jugendliche Personen aus einer Behausung, in welcher ein Pockenfall vorgekommen ist, müssen, soweit und solange nach dem Gutachten des beamteten Arztes eine Weiterverbreitung der Krankheit aus dieser Behausung zu befürchten ist, vom Schulbesuche ferngehalten werden.

Ereignet sich ein Pockenfall im Schulhause, so muß die Schule geschlossen werden, solange sich der Kranke darin befindet. Personen, welche der Ansteckung durch die Pocken ausgesetzt gewesen sind, müssen auf die Dauer ihrer Ansteckungsgefahr von der Erteilung des Schulunterrichts ausgeschlossen werden.

Die vorstehenden Bestimmungen finden auf andere Unterrichtsveranstaltungen, an denen mehrere Personen teilnehmen, sinngemäß Anwendung.

§ 16.

Nr. 5 der Ausführungsbestimmungen.

Anlage 3.

Die Polizeibehörde hat dem Haushaltungsvorstand und dem Pflegepersonal aufzuerlegen, daß die Bett- und Leibwäsche, die Kleidungsstücke, das Eß- und Trinkgeschirr, die Verbandstoffe des Kranken, seine Hautabgänge und Ausscheidungen (Kot, Urin, Auswurf), sein Wasch- und Badewasser sowie der Fußboden des Krankenzimmers während des Bestehens der Krankheit fortlaufend nach Maßgabe der aus der Anlage 3 ersichtlichen Anweisung zu desinfizieren sind.

Es ist dafür zu sorgen, daß gesunde Personen ihre Hände und sonstigen Körperteile, welche mit dem Kranken oder mit infizierten Dingen (Ausscheidungen der Kranken, beschmutzter Wäsche usw.) in Berührung gekommen sind, desinfizieren.

§ 17.

Wohnungen oder Häuser, in denen an den Pocken erkrankte Personen sich befinden, sind kenntlich zu machen.

<small>Nr. 2 Abs. 5 der Ausführungsbestimmungen.</small>

§ 18.

In einem Hause, in welchem ein Pockenkranker sich befindet, können gewerbliche Betriebe, durch welche eine Verbreitung des Ansteckungsstoffes zu befürchten ist, insbesondere Verkaufsstellen von Nahrungs- und Genußmitteln, Beschränkungen unterworfen oder geschlossen werden, insoweit nach dem Gutachten des beamteten Arztes die Fortsetzung des Betriebs als gefährlich zu betrachten ist.

<small>Nr. 3 Abs. 2 der Ausführungsbestimmungen.</small>

§ 19.

Die Leichen der an den Pocken Gestorbenen sind ohne vorheriges Waschen und Umkleiden sofort in Tücher einzuhüllen, welche mit einer desinfizierenden Flüssigkeit getränkt sind. Sie sind alsdann in dichte Särge zu legen, welche am Boden mit einer reichlichen Schicht Sägemehl, Torfmull oder anderen aufsaugenden Stoffen bedeckt sind. Der Sarg ist alsbald zu schließen.

<small>Nr. 6 der Ausführungsbestimmungen.</small>

Soll mit Rücksicht auf religiöse Vorschriften das Waschen der Leiche ausnahmsweise stattfinden, so darf es nur unter den vom beamteten Arzte angeordneten Vorsichtsmaßregeln und nur mit desinfizierenden Flüssigkeiten ausgeführt werden.

Ist ein Leichenhaus vorhanden, so ist die eingesargte Leiche sobald als möglich dahin überzuführen. In Ortschaften, in welchen ein Leichenhaus nicht besteht, ist dafür Sorge zu tragen, daß die eingesargte Leiche tunlichst in einem besonderen, abschließbaren Raume bis zur Beerdigung aufbewahrt wird.

Die Ausstellung der Leiche im Sterbehause oder im offenen Sarge ist zu untersagen, das Leichengefolge möglichst zu beschränken und dessen Eintritt in das Sterbehaus zu verbieten.

Die Beförderung der Leichen von Personen, welche an den Pocken gestorben sind, nach einem anderen als dem ordnungsmäßigen Beerdigungsort ist zu untersagen.

Die Bestattung der Pockenleichen ist tunlichst zu beschleunigen. Die zur Ausschmückung des Sarges verwendeten Gegenstände sind mit in das Grab zu bringen, bei Feuerbestattung mit zu verbrennen. Es ist Vorsorge zu treffen, daß Personen, die bei der Einsargung beschäftigt gewesen sind, nicht mit der Ansage des Leichenbegängnisses betraut werden, und daß sie, auch wenn sie nicht wegen Ansteckungsgefahr abgesondert oder beobachtet werden, den Verkehr mit anderen Personen meiden, solange der beamtete Arzt dies für erforderlich hält. Auch ist ihnen die Einhaltung der sonstigen von dem beamteten Arzte gegen eine

Weiterverbreitung der Krankheit für erforderlich erachteten Maßregeln zur Pflicht zu machen.

§ 20.

<small>Nr. 5 der Aus=
führungsbestim=
mungen.</small>
Außer der im § 16 vorgeschriebenen fortlaufenden Desinfektion ist nach der Verbringung des Kranken in ein Krankenhaus, nach der Genesung oder dem Ableben desselben eine Schlußdesinfektion vorzunehmen. Letztere hat sich auf die Ausscheidungen des Kranken sowie auf alle mit dem Kranken oder Gestorbenen in Berührung gekommenen Gegenstände zu erstrecken. Ganz besondere Aufmerksamkeit ist der Desinfektion infizierter Räume, ferner der Kleidungsstücke, der Betten und der Leibwäsche des Kranken oder Gestorbenen sowie der Hautabgänge und der Verbandstoffe des Kranken sowie der bei der Wartung und Pflege des Kranken benutzten Kleidungsstücke zuzuwenden. Nach der Genesung ist auch der Kranke selbst einer Desinfektion zu unterziehen.

Die Desinfektionen sind nach Maßgabe der aus der Anlage 3 ersichtlichen Anweisung zu bewirken.

<small>§ 19 Abj. 3 des
Gesetzes.</small>
Ist die Desinfektion nicht ausführbar oder im Verhältnisse zum Werte der Gegenstände zu kostspielig, so kann die Vernichtung angeordnet werden.

§ 21.

<small>Nr. 7 der Aus=
führungsbestim=
mungen.</small>
Die Aufhebung der getroffenen Anordnungen darf nur nach Anhörung des beamteten Arztes erfolgen. Sie hat stattzufinden

bezüglich der ansteckungsverdächtigen Personen,
wenn sie innerhalb vierzehn Tagen, gerechnet vom Tage der letzten Ansteckungsgelegenheit, verdächtige Erscheinungen nicht gezeigt haben,

bezüglich der krankheitsverdächtigen Personen,
wenn sich der Verdacht als begründet nicht herausgestellt hat, und

bezüglich derjenigen Personen,
bei welchen die Pocken festgestellt sind, nach erfolgter Genesung und stattgehabter Desinfektion oder nach Überführung in das Krankenhaus oder nach dem Ableben des Kranken,

in allen Fällen jedoch nur, nachdem die vorschriftsmäßige Schlußdesinfektion gemäß § 20 stattgefunden hat.

§ 22.

<small>§ 10 des Gesetzes.</small>
Für Ortschaften und Bezirke, welche von den Pocken befallen oder bedroht sind und in welchen ein allgemeiner Leichenschauzwang noch nicht besteht, empfiehlt sich der Erlaß einer Anordnung gemäß § 10 des Gesetzes, wonach jede Leiche vor der Bestattung einer amtlichen Besichtigung (Leichenschau), und zwar tunlichst durch Ärzte, zu unterwerfen ist.

IV. Maßregeln bei gehäuftem Auftreten der Pocken.

§ 23.

Treten die Pocken in einer Ortschaft oder in einem Bezirke gehäuft auf, so haben die Polizeibehörden dafür zu sorgen, daß durch öffentliche Bekanntmachung die gesetzliche Anzeigepflicht (§§ 1 und 2 dieser Anweisung) in Erinnerung gebracht wird; gleichzeitig ist in dieser Bekanntmachung die Bevölkerung darüber zu belehren, daß zu solchen Zeiten als pockenverdächtige Erkrankungen auch Windpocken zu gelten haben. Diese Bekanntmachung ist während der Dauer der Pockengefahr von acht zu acht Tagen zu wiederholen.

§ 24.

Die Schutzpockenimpfung ist das wirksamste Mittel zur Bekämpfung der Pocken. Wo auf Grund landesrechtlicher Bestimmungen Zwangsimpfungen beim Ausbruch einer Pockenepidemie zulässig sind (vgl. § 18 Abs. 3 des Impfgesetzes vom 8. April 1874 — Reichs-Gesetzbl. S. 31 —), ist darauf hinzuwirken, daß gegebenenfalls alle der Ansteckung ausgesetzten Personen, sofern sie nicht die Pocken überstanden haben oder durch Impfung hinreichend geschützt sind, sich impfen lassen. Wo Zwangsimpfungen nicht zulässig sind, ist in geeigneter Weise auf die Durchführung der Schutzpockenimpfung hinzuwirken. Dies gilt besonders für die Bewohner und Besucher eines Hauses, in welchem die Pocken aufgetreten sind, wie für das Pflegepersonal, die Ärzte, die Studierenden der Medizin, welche klinische Vorlesungen besuchen, die bei der Einsargung von Pockenleichen beschäftigten Personen, ferner für Leichenschauer, Seelsorger, Urkundspersonen, Wäscherinnen, Desinfektoren sowie für Arbeiter in gewerblichen Anlagen, welche den Ausgangspunkt von Pockenerkrankungen gebildet haben.

§ 25.

Es ist dafür zu sorgen, daß in den einzelnen bedrohten Ortschaften unentgeltlich Impfungen vorgenommen werden. Die Tage, an welchen hierzu Gelegenheit geboten wird, sind bekanntzumachen.

§ 26.

Die Polizeibehörden haben beizeiten dafür Sorge zu tragen, daß der Bedarf an Unterkunftsräumen, Ärzten, Pflegepersonal, Impfstoff, Arznei- und Verband-, Desinfektions- und Beförderungsmitteln für Kranke und Verstorbene sichergestellt wird.

In größeren Ortschaften ist auf die Errichtung von öffentlichen Desinfektionsanstalten, in welchen die Anwendung von Wasserdampf als Desinfektionsmittel erfolgen kann, hinzuwirken, sofern solche Anstalten nicht bereits in genügender Anzahl vorhanden sind. Die Ausbildung eines geschulten Desinfektionspersonals ist ebenfalls rechtzeitig vorzubereiten.

§ 27.

Die Bevölkerung ist in geeigneter Weise auf die in der Anlage 2 beigefügte Belehrung hinzuweisen. Zu diesem Zwecke ist die Belehrung unter der gefährdeten Bevölkerung unentgeltlich zur Verteilung zu bringen und auch sonst durch die Presse sowie auf andere geeignete Weise zu verbreiten.

§ 28.

<small>Nr. 3 Abs. 1 der Ausführungsbestimmungen, § 15 Nr. 3 des Gesetzes.</small>

Die zuständigen Behörden haben besonders zu erwägen, inwieweit Veranstaltungen, welche eine Ansammlung größerer Menschenmengen mit sich bringen (Messen, Märkte usw.), in oder bei solchen Ortschaften, in welchen die Pocken ausgebrochen sind, zu untersagen sind.

§ 29.

<small>§ 16 des Gesetzes.</small>

Wenn in einer Ortschaft die Pocken gehäuft auftreten, kann die Schließung der Schulen nach Maßgabe der landesrechtlichen Bestimmungen erforderlich werden.

Falls mehrere Ortschaften eine gemeinschaftliche Schule besitzen, sind nötigenfalls die Kinder der befallenen Ortschaften nach Maßgabe der landesrechtlichen Bestimmungen vom Unterricht auszuschließen.

Die gleichen Maßregeln können für andere Unterrichtsveranstaltungen, an denen mehrere Personen teilnehmen, in Betracht kommen.

§ 30.

<small>Nr. 3 Abs. 3 bis 7 der Ausführungsbestimmungen.</small>

Die Polizeibehörden der von den Pocken ergriffenen Ortschaften haben dafür zu sorgen, daß Gegenstände, von denen nach dem Gutachten des beamteten Arztes anzunehmen ist, daß sie mit dem Ansteckungsstoffe der Pocken behaftet sind, vor wirksamer Desinfektion nicht in den Verkehr gelangen. Insbesondere ist für Ortschaften oder Bezirke, in denen die Pocken gehäuft auftreten, die Ausfuhr von gebrauchter Leibwäsche, alten und getragenen Kleidungsstücken, gebrauchtem Bettzeug einschließlich Bettfedern, gebrauchten Roßhaaren, Hadern und Lumpen aller Art und alten Papierabfällen zu verbieten. Unter Umständen kann das Verbot auch auf andere Gegenstände, insoweit dies nach dem Gutachten des beamteten Arztes erforderlich ist, ausgedehnt werden. Reisegepäck und Umzugsgut sind von dem Verbot auszunehmen.

Bei gehäuftem Auftreten der Pocken ist in den von der Krankheit befallenen Ortschaften oder Bezirken das gewerbsmäßige Einsammeln von Lumpen im Umherziehen zu verbieten.

Einfuhrverbote gegen inländische, von den Pocken befallene Ortschaften sind nicht zulässig. Das Verbot der Einfuhr bestimmter Waren und anderer Gegenstände aus dem Auslande richtet sich ausschließlich nach den Vorschriften, welche gegebenenfalls gemäß § 25 des Gesetzes in Vollzug gesetzt werden.

Für gebrauchtes Bettzeug, Leibwäsche und getragene Kleidungsstücke, welche aus einer von den Pocken betroffenen Ortschaft stammen und noch nicht wirksam desinfiziert worden sind, kann eine Desinfektion angeordnet werden. Im übrigen ist eine Desinfektion von Gegenständen des Güter- und Reiseverkehrs einschließlich der von den Reisenden getragenen Wäsche- und Kleidungsstücke nur dann geboten und zulässig, wenn die Gegenstände nach dem Gutachten des beamteten Arztes als mit dem Ansteckungsstoffe der Pocken behaftet anzusehen sind.

Weitergehende Beschränkungen des Gepäck- und Güterverkehrs sowie des Verkehrs mit Post- (Brief- und Paket-) Sendungen sind nicht zulässig.

V. Vorschriften für besondere Verhältnisse. Mitteilungen an das Reichsgesundheitsamt.

§ 31.

Die höhere Verwaltungsbehörde kann für den Umfang ihres Bezirkes oder für Teile desselben anordnen, daß zureisende Personen, welche sich innerhalb der letzten vierzehn Tage vor ihrer Ankunft in einem von den Pocken betroffenen Bezirk oder Orte aufgehalten haben, nach ihrer Ankunft der Ortspolizeibehörde binnen einer zu bestimmenden möglichst kurzen Frist schriftlich oder mündlich zu melden sind. Unter zureisenden Personen sind nicht nur ortsfremde Personen, die von auswärts eintreffen, sondern auch ortsangehörige Personen zu verstehen, die nach längerem oder kürzerem Verweilen an einem von den Pocken betroffenen Orte oder Bezirke nach Hause zurückkehren. Derartige Personen können als ansteckungsverdächtig angesehen und der Beobachtung unterworfen werden. *Nr. 1 Abs. 2 der Ausführungsbestimmungen.*

§ 32.

Pockenkranke dürfen in der Regel nicht mittels der Eisenbahn befördert werden. Ausnahmen sind nur nach dem Gutachten des für die Abgangsstation zuständigen beamteten Arztes zulässig. In solchen Ausnahmefällen ist der Kranke in einem besonderen Wagen, der alsbald nach der Benutzung zu desinfizieren ist, zu befördern. Das bei ihm beschäftigt gewesene Personal ist anzuhalten, vor ausgeführter Desinfektion (Anlage 3) den Verkehr mit anderen Personen nach Möglichkeit zu vermeiden. *Nr. 9 der Ausführungsbestimmungen.*

Ergibt sich bei einem Reisenden während der Eisenbahnfahrt Pockenverdacht, so ist er, falls nicht die Verkehrsordnung seinen Ausschluß von der Fahrt vorschreibt, an der Weiterfahrt nicht zu verhindern; jedoch ist, sobald dies ohne Unterbrechung der Reise möglich ist, die Feststellung der Krankheit durch einen Arzt herbeizuführen. Der Abteil, in welchem der Kranke untergebracht war, und die damit in Zusammenhang stehenden Abteile sind zu räumen. Der Wagen ist, falls der Pockenverdacht sich bestätigt, sobald wie möglich außer Betrieb zu setzen und zu desinfizieren.

Im einzelnen gelten beim Auftreten der Pocken die in der Anlage 4 enthaltenen Bestimmungen. *Anlage 4.*

§ 33.

Nr. 8 der Ausführungsbestimmungen.

Bei einem gefahrdrohenden Ausbruche der Pocken im Ausland ist der Übertritt von Durchwanderern aus solchen ausländischen Gebieten, in denen die Pocken herrschen, nur an bestimmten Grenzorten zu gestatten, wo eine ärztliche Besichtigung sowie die Zurückhaltung und Absonderung der an den Pocken Erkrankten und der Krankheitsverdächtigen stattzufinden hat.

Die Massenbeförderung von Durchwanderern mit der Eisenbahn hat in Sonderzügen oder in besonderen Wagen, und zwar nur in Abteilen ohne Polsterung, zu geschehen. Die benutzten Wagen sind nach jedesmaligem Gebrauche zu desinfizieren. Müssen die Durchwanderer während der Reise durch das Reichsgebiet behufs Übernachtung den Zug verlassen, so darf dies nur auf Eisenbahnstationen geschehen, bei denen sich Auswandererhäuser befinden.

Es ist dafür Sorge zu tragen, daß solche Durchwanderer mit dem Publikum so wenig wie möglich in Berührung kommen und in den Hafenorten tunlichst in Auswandererhäusern untergebracht werden.

Fremdländischen Arbeitern, welche aus ausländischen von den Pocken betroffenen Gebieten zum Erwerb ihres Unterhalts einwandern, sowie ihren Angehörigen ist der Übertritt über die Grenze nur unter der Bedingung zu gestatten, daß sie sich beim Eintritt oder an ihrem ersten Dienstort innerhalb drei Tagen der Schutzimpfung unterwerfen, sofern sie nicht glaubhaft nachweisen, daß sie die Pocken überstanden haben oder durch Impfung hinreichend geschützt sind.

§ 34.

Hinsichtlich der gesundheitspolizeilichen Überwachung der einen deutschen Hafen anlaufenden Seeschiffe gelten die auf Grund des § 24 des Gesetzes vom 30. Juni 1900 ergehenden Vorschriften.

§ 35.

§ 40 des Gesetzes.

Für den Eisenbahn=, Post= und Telegraphenverkehr sowie für Schiffahrtsbetriebe, welche im Anschluß an den Eisenbahnverkehr geführt werden und der staatlichen Eisenbahnaufsichtsbehörde unterstellt sind, liegt die Ausführung der zu ergreifenden Schutzmaßregeln ausschließlich den zuständigen Reichs= und Landesbehörden ob.

§ 36.

Bekanntmachung vom 24. Februar 1920 (Reichsgesetzbl. S. 281).

Die von den Landesregierungen bezeichneten Behörden oder Beamten der Garnisonorte und derjenigen Orte, welche im Umkreise von 20 km von Garnisonorten oder im Gelände für militärische Übungen gelegen sind, haben alsbald nach erlangter Kenntnis jede Erkrankung an Pocken sowie jeden Fall, welcher den Verdacht dieser Krankheit erweckt, in dem betreffenden Orte der Militär= oder Marinebehörde mitzuteilen.

Jeder Mitteilung sind Angaben über die Gebäude und die Wohnungen, in welchen die Erkrankungen oder der Verdacht aufgetreten sind, beizufügen.

Die Mitteilungen sind für Garnisonorte und für die in ihrem Umkreise von 20 km gelegenen Orte an den Kommandanten oder, wo ein solcher nicht vorhanden ist, an den Garnisonältesten, für Orte im militärischen Übungsgelände an das Wehrkreiskommando zu richten.

Anderseits haben die zuständigen Militär- und Marinebehörden von allen in ihrem Dienstbereiche vorkommenden Erkrankungen und Todesfällen an Pocken sowie von dem Auftreten des Verdachts dieser Krankheit alsbald nach erlangter Kenntnis eine Mitteilung an die für den Aufenthaltsort des Erkrankten zuständige, von den Landesregierungen zu bezeichnende Behörde zu machen. Jeder Mitteilung sind Angaben über das Militärgebäude oder die Wohnungen, in welchen die Erkrankungen oder der Verdacht aufgetreten sind, beizufügen.

Bei starker Häufung der Erkrankungsfälle bleibt es den Landeszentralbehörden oder den von diesen bestimmten Behörden vorbehalten, die Form des Nachrichtenaustausches zu vereinfachen, besonders an Stelle schriftlicher Mitteilung des einzelnen Falles das Auflegen von Listen zur Einsichtnahme oder mündlichen Austausch der Nachrichten zu bestimmter Stunde am vereinbarten Orte zu gestatten.

§ 37.

Die Ausführung der nach Maßgabe dieser Anweisung zu ergreifenden Schutzmaßregeln liegt, insoweit davon §39 des Gesetzes.
1. dem aktiven Heere oder der aktiven Marine angehörende Militärpersonen,
2. Personen, welche in militärischen Dienstgebäuden oder auf den zur Reichsmarine gehörigen oder von ihr gemieteten Schiffen und Fahrzeugen untergebracht sind,
3. marschierende oder auf dem Transporte befindliche Militärpersonen und Truppenteile des Heeres und der Marine sowie die Ausrüstungs- und Gebrauchsgegenstände derselben,
4. ausschließlich von der Militär- oder Marineverwaltung benutzte Grundstücke und Einrichtungen

betroffen werden, den Militär- und Marinebehörden ob.

Auf Truppenübungen finden die nach dem Gesetze vom 30. Juni 1900 zulässigen Verkehrsbeschränkungen keine Anwendung.

§ 38.

Ist in einer Ortschaft der Ausbruch der Pocken festgestellt, so ist das Reichsgesundheitsamt hiervon sofort auf dem kürzesten Wege zu benachrichtigen. Nr. 10 der Ausführungsbestimmungen.

Weiterhin ist von den durch die Landesregierungen zu bestimmenden Behörden an das Reichsgesundheitsamt wöchentlich eine Nachweisung über die in der vergangenen Woche bis Sonnabend einschließlich in den einzelnen Ortschaften gemeldeten Erkrankungs- und Todesfälle nach Maßgabe der Anlage 5 in geschlossenem Umschlage mitzuteilen. Die Wochennachweisungen sind so zeitig abzusenden, daß sie bis Montag Mittag im Reichsgesundheitsamt eingehen.

Anlage 5.

Außerdem ist innerhalb acht Tagen nach der Genesung oder dem Ableben eines Pockenkranken eine Zählkarte nach dem anliegenden Muster (Anlage 6) von dem durch die Landesregierung zu bestimmenden Medizinalbeamten auszufüllen. Die Zählkarten sind nach Bestimmung der Landesregierung entweder durch Vermittlung der zuständigen Landesbehörde oder unmittelbar an das Reichsgesundheitsamt einzusenden. Falls die Karten zunächst an die Landesbehörde eingereicht werden, ist dafür Sorge zu tragen, daß sie spätestens bis zum 1. Februar des nächstfolgenden Jahres an das Reichsgesundheitsamt gelangen. Diese Bestimmungen treten am 1. Januar 1905 in Kraft.

Anlage 6.

Bekanntmachung vom 22. Juli 1902 (Reichs-Gesetzbl. S. 257).

Die gleichen Mitteilungen und Nachweisungen haben die Militär- und Marinebehörden von den in ihrem Dienstbereiche vorkommenden Erkrankungen und Todesfällen an den Pocken dem Reichsgesundheitsamt einzusenden.

VI. Allgemeine Vorschriften.

§ 39.

§ 23 des Gesetzes.

Die zuständige Landesbehörde kann die Gemeinden oder die weiteren Kommunalverbände dazu anhalten, diejenigen Einrichtungen, welche zur Bekämpfung der Pocken notwendig sind, zu treffen. Wegen Aufbringung der erforderlichen Kosten findet die Bestimmung des § 40 Abs. 2 Anwendung.

§ 40.

§ 37 des Gesetzes.

Die Anordnung und Leitung der Abwehr- und Unterdrückungsmaßregeln liegt den Landesregierungen und deren Organen ob.

Die Zuständigkeit der Behörden und die Aufbringung der entstehenden Kosten regelt sich nach Landesrecht.

Die Kosten der auf Grund der §§ 4, 6 und 7 angestellten behördlichen Ermittelungen, der Beobachtung in den Fällen der §§ 10, 11, 12 und 31, ferner auf Antrag die Kosten der auf Grund der §§ 13, 16 und 20 polizeilich angeordneten Desinfektion und der auf Grund des § 19 angeordneten besonderen Vorsichtsmaßregeln für die Aufbewahrung, Einsargung, Beförderung und Bestattung der Leichen sind aus öffentlichen Mitteln zu bestreiten.

§ 41.

§ 36 des Gesetzes.

Beamtete Ärzte im Sinne des Gesetzes sind Ärzte, welche vom Staate angestellt sind oder deren Anstellung mit Zustimmung des Staates erfolgt ist.

An Stelle der beamteten Ärzte können im Falle ihrer Behinderung oder aus sonstigen dringenden Gründen andere Ärzte zugezogen werden. Innerhalb des von ihnen übernommenen Auftrags gelten die letzteren als beamtete Ärzte und sind befugt und verpflichtet, diejenigen Amtsverrichtungen wahrzunehmen, welche in dem Gesetz oder den hierzu ergangenen Ausführungsbestimmungen den beamteten Ärzten übertragen sind.

§ 42.

Die Behörden der Bundesstaaten sind verpflichtet, sich bei der Bekämpfung der Pocken gegenseitig zu unterstützen. *§ 38 des Gesetzes.*

§ 43.

Inwieweit Personen, welche durch die polizeilich angeordneten Schutzmaßregeln betroffen sind, ein Anspruch auf Entschädigung zusteht, ist durch §§ 28 bis 34 des Gesetzes bestimmt.

Anlage 1.

Anzeige eines Falles von Pocken (Blattern).

Ort der Erkrankung: ....

Wohnung (Straße, Hausnummer, Stockwerk): ....

....

Des Erkrankten

Familienname: ....

Geschlecht: männlich, weiblich. (Zutreffendes ist zu unterstreichen.)

Alter: ....

Stand oder Gewerbe: ....

Stelle der Beschäftigung: ....

....

Tag der Erkrankung: ....

Tag des Todes: ....

Bemerkungen (insbesondere auch ob, wann und woher zugereist): ....

....

Anlage 2.

Gemeinverständliche Belehrung über die Pockenkrankheit und ihre Verbreitungsweise.

1. Die Pocken (Blattern) sind eine gefährliche Krankheit, welche sich nur durch Ansteckung fortpflanzt.

Die Übertragung auf Gesunde kommt entweder unmittelbar durch den Verkehr mit Kranken oder mittelbar durch Zwischenträger, welchen Pockenkeime anhaften, zustande. Zwischenträger können Gegenstände aller Art sein, wie getragene Leib= und Bettwäsche, Kleidungsstücke, Betten, Polster, Teppiche, Vorhänge usw., aber auch gesunde Personen, welche mit Kranken in Berührung gekommen sind. Ebenso kann auch durch die Luft eine Übertragung auf die Nachbarschaft stattfinden.

2. Die Erkrankung an den Pocken beginnt etwa zwei Wochen nach Aufnahme des Ansteckungsstoffs mit meist hohem Fieber, welches in der Regel mit einem Schüttelfrost eingeleitet wird. Der Kranke klagt über heftige Kopfschmerzen, ein Gefühl von Abgeschlagenheit in den Gliedern und Neigung zu Ohnmachten. Erbrechen wird selten vermißt. Dazu gesellen sich häufig Kreuz= und Rückenschmerzen. In manchen Fällen zeigen sich bald auch masern= oder scharlachartige Flecke am Unterleib und den Oberschenkeln. Gelegentlich kommt es auch zu starken Blutungen (Nasenbluten). Treten diese Erscheinungen nach Umständen auf, welche eine Pockenansteckung befürchten lassen, so kann jetzt schon der Verdacht auf eine Pockenerkrankung ausgesprochen werden und ist demgemäß Anzeige an die Polizeibehörde zu erstatten.

Am 4. Krankheitstage kommt unter Fiebernachlaß der eigentliche Pockenausschlag zum Vorschein. Es bilden sich rote Knötchen, die zuerst im Gesicht, dann am Rumpfe, später an den übrigen Körperteilen auftreten. Aus den Knötchen entwickeln sich allmählich Bläschen, welche sich mehr und mehr erheben, die Haut schwillt an und erregt spannende, brennende Schmerzen. Unter Umwandlung des Inhalts der Bläschen in Eiter bilden sich Pusteln. Falls diese Pusteln dicht stehen, kann der Kranke durch die Anschwellung des Gesichts, das dann wie mit einer eitrigen Maske überzogen erscheint, vollkommen unkenntlich werden; die Augen bleiben tagelang geschlossen. Auch die inneren Teile werden befallen; durch die Entwicklung von Pockenpusteln im Rachen und in der Luftröhre wird das Schlucken und die Atmung erschwert. Die Kranken verbreiten einen unangenehmen Geruch, der von Schweiß und Eiter herrührt. In diesem gefährlichsten Zeitraume steigt das Fieber von neuem. Nicht selten verfallen die Kranken in tobsüchtige Unruhe, so daß sie, falls sie nicht sorgsam überwacht werden, leicht gewaltsame Handlungen und Fluchtversuche machen.

Aus den Pockenpusteln entwickeln sich braune Krusten, die sich langsam unter Hinterlassung der bekannten Pockennarben abstoßen. Nicht selten wird auch die Hornhaut des Auges Sitz von Pockenpusteln, was zur Erblindung führen kann. Manchmal treten auch Erkrankungen innerer Teile, beispielsweise der Lungen, auf und verschlimmern den Krankheitsverlauf. Greift die Erkrankung auf das Gehörorgan über, so ist dauernde Schwerhörigkeit oder sogar Taubheit zu befürchten.

In einer Reihe von Fällen nehmen die Pocken trotz schwerer Anfangserscheinungen nicht den schweren Verlauf, sondern eine mildere Form an, wobei nur wenige kleine Bläschen an den verschiedenen Körperteilen, besonders im Gesicht, zum Vorschein kommen.

3. Der Ansteckungsstoff ist hauptsächlich in dem Inhalte der Bläschen und Pusteln enthalten; er ist sehr widerstandsfähig und bleibt in eingetrocknetem Zustande lange wirksam.

4. Jeder noch so leichte Pockenfall kann die Krankheit in ihrer schwersten Form auf andere übertragen; er bedeutet daher für seine Umgebung eine große Gefahr, weil gerade Leichtkranke mit mehr Menschen in Berührung zu kommen pflegen als Schwerkranke.

Außer der Umgebung des Kranken sind diejenigen Personen gefährdet, welche mit Gegenständen zu tun haben, die mit dem Kranken in Berührung gekommen sind (z. B. Wäscherinnen, Desinfektoren, Lumpensammler, Arbeiter in Papierfabriken und Bettfeder-Reinigungsanstalten).

5. Um eine Verschleppung der Seuche zu verhüten, ist jeder Verkehr von dem Kranken fernzuhalten. Es ist ratsam, den Kranken nicht zu Hause, sondern in einem geeigneten Krankenhause zu verpflegen, weil dort die Absonderung und Pflege leichter durchgeführt werden kann.

Es besuche niemand ein Pockenhaus, den nicht seine Pflicht dahin führt; ebensowenig nehme man Besuche aus solchen Häusern an.

6. In jedem der Pocken auch nur verdächtigen Falle ist es dringend geraten, alsbald einen Arzt zuzuziehen.

7. Während des Bestehens der Krankheit ist peinlichste Reinlichkeit mit sorgfältiger Desinfektion nach ärztlicher Anweisung zu verbinden. Das Krankenzimmer ist täglich aufzuwaschen und fleißig zu lüften. Leib- und Bettwäsche des Kranken sind möglichst häufig zu wechseln und nach dem Gebrauche sofort zu desinfizieren. Jedes Tröpfchen vom Inhalte der Bläschen und Pusteln, auch eingetrocknet oder zerstäubt, enthält den Ansteckungsstoff in wirksamer Form; deshalb sind Verbandstücke und dergleichen alsbald zu desinfizieren oder durch Feuer zu vernichten.

8. Der Genesende ist so lange für seine Umgebung gefährlich, als Krusten und Borken sich noch an seinem Körper finden. Er soll daher einen häufigen Gebrauch von Bädern und Seifenabwaschungen machen

und, bevor er wieder in Verkehr tritt, eine Desinfektion seines Körpers nach ärztlicher Anweisung vornehmen.

9. Wird ein Zimmer, in welchem ein Pockenkranker sich befunden hat, frei, so ist dasselbe mit seinem ganzen Inhalte sofort einer gründlichen Desinfektion nach ärztlicher Anweisung zu unterziehen.

10. Auch von Pockenleichen kann eine Ansteckung leicht erfolgen. Sie sind daher sobald als möglich aus dem Sterbehause in eine Leichenhalle überzuführen oder, falls eine solche nicht vorhanden ist, in einem abgesonderten verschließbaren Raume aufzustellen. Das Waschen der Leichen, ihre Ausstellung im offenen Sarge, Bewirtungen im Sterbehause usw. sind in hohem Grade gefährlich und deshalb unzulässig.

11. Kleidungsstücke, Wäsche und sonstige Gebrauchsgegenstände von Pockenkranken dürfen unter keinen Umständen in Benutzung genommen oder an andere abgegeben werden, ehe sie desinfiziert sind. Auch dürfen sie nicht undesinfiziert nach anderen Orten verschickt werden.

12. Das beste Schutzmittel gegen die Erkrankung an den Pocken ist die Schutzpockenimpfung. Fast immer bleiben Personen, welche innerhalb der letzten zehn Jahre mit Erfolg geimpft oder wiedergeimpft worden sind, von den Pocken verschont oder werden nur von einer leichten Form dieser Krankheit befallen. Die Gefahr zu erkranken ist um so geringer, je frischer noch der durch die Impfung erworbene Schutz ist. Für die Angehörigen und die Pfleger des Kranken, auch wenn sie schon früher mit Erfolg geimpft oder wiedergeimpft worden sind, kann die sofortige Impfung nicht dringend genug angeraten werden. Ebenso sollten beim Ausbruch einer Pockenepidemie diejenigen Personen, welche ihr Beruf in unmittelbare oder mittelbare Berührung mit Pockenkranken bringen kann — Ärzte, Geistliche, Krankenpfleger und -pflegerinnen, Hebammen, Desinfektoren, Leichenschauer und Leichenfrauen, Briefträger —, sich sobald als möglich wiederimpfen lassen. Zeitweilige Wiederimpfung ist namentlich auch Arbeitern solcher Betriebe anzuraten, in welchen Waren verarbeitet werden, welche Träger des Ansteckungsstoffs sein können. Zu solchen Betrieben gehören die Verkaufsstätten, Lagerräume und Reinigungsanstalten für Bettfedern, Roßhaare, Lumpen, ferner die Papierfabriken, Kunstwollfabriken und dergleichen.

Anlage 3.

Desinfektionsanweisung bei Pocken (Blattern).
(Festgestellt in der Sitzung des Bundesrats vom 21. März 1907.)

I. Desinfektionsmittel.

1. Verdünntes Kresolwasser (2,5 prozentig). Zur Herstellung werden entweder 50 Kubikzentimeter Kresolseifenlösung (Liquor Cresoli saponatus des Arzneibuchs für das Deutsche Reich) oder ½ Liter Kresolwasser (Aqua cresolica des Arzneibuchs für das Deutsche Reich) mit Wasser zu 1 Liter Desinfektionsflüssigkeit aufgefüllt und gut durchgemischt.

2. Karbolsäurelösung (etwa 3 prozentig). 30 Kubikzentimeter verflüssigte Karbolsäure (Acidum carbolicum liquefactum des Arzneibuchs für das Deutsche Reich) werden mit Wasser zu 1 Liter Desinfektionsflüssigkeit aufgefüllt und gut durchmischt.

3. Sublimatlösung ($1/_{10}$ prozentig). Zur Herstellung werden von den käuflichen, rosa gefärbten Sublimatpastillen (Pastilli hydrargyri bichlorati des Arzneibuchs für das Deutsche Reich) entweder 1 Pastille zu 1 Gramm oder 2 Pastillen zu je ½ Gramm in 1 Liter Wasser aufgelöst.

4. Kalkmilch. Frisch gebrannter Kalk wird unzerkleinert in ein geräumiges Gefäß gelegt und mit Wasser (etwa der halben Menge des Kalks) gleichmäßig besprengt; er zerfällt hierbei unter starker Erwärmung und unter Aufblähen zu Kalkpulver.

Die Kalkmilch wird bereitet, indem zu je 1 Liter Kalkpulver allmählich unter stetem Rühren 3 Liter Wasser hinzugesetzt werden.

Falls frisch gebrannter Kalk nicht zur Verfügung steht, kann die Kalkmilch auch durch Anrühren von je 1 Liter gelöschten Kalkes, wie er in einer Kalkgrube vorhanden ist, mit 3 Liter Wasser bereitet werden. Jedoch ist darauf zu achten, daß in diesen Fällen die oberste, durch den Einfluß der Luft veränderte Kalkschicht vorher beseitigt wird.

Die Kalkmilch ist vor dem Gebrauch umzuschütteln oder umzurühren.

5. Chlorkalkmilch wird aus Chlorkalk (Calcaria chlorata des Arzneibuchs für das Deutsche Reich), der in dicht geschlossenen Gefäßen vor Licht geschützt aufbewahrt war und stechenden Chlorgeruch besitzen soll, in der Weise hergestellt, daß zu je 1 Liter Chlorkalk allmählich unter stetem Rühren 5 Liter Wasser hinzugesetzt werden. Chlorkalkmilch ist jedesmal vor dem Gebrauche frisch zu bereiten.

6. Formaldehyd. Formaldehyd ist ein stechend riechendes, auf die Schleimhäute der Luftwege, der Nase und der Augen reizend wirkendes

Gas, das in etwa 35prozentiger wässeriger Lösung (Formaldehydum solutum des Arzneibuchs für das Deutsche Reich) käuflich ist. Die Formaldehydlösung ist gut verschlossen und vor Licht geschützt aufzubewahren. Formaldehydlösung, in welcher sich eine weiße, weiche, flockige Masse, die sich bei vorsichtigem Erwärmen nicht auflöst (Paraformaldehyd), abgeschieden hat, ist weniger wirksam, unter Umständen sogar vollkommen unwirksam und daher für Desinfektionszwecke nicht mehr zu benutzen.

Formaldehyd kommt zur Anwendung:

a) entweder in Dampfform; zu diesem Zwecke wird die käufliche Formaldehydlösung in geeigneten Apparaten mit Wasser verdampft oder zerstäubt oder das Formaldehydgas durch ein anderes erprobtes Verfahren entwickelt;

b) oder in wässeriger Lösung (etwa 1prozentig). Zur Herstellung werden 30 Kubikzentimeter der käuflichen Formaldehydlösung mit Wasser zu 1 Liter Desinfektionsflüssigkeit aufgefüllt und gut durchgemischt.

7. Wasserdampf. Der Wasserdampf muß mindestens die Temperatur des siedenden Wassers haben. Zur Desinfektion mit Wasserdampf sind nur solche Apparate zu verwenden, welche sowohl bei der Aufstellung als auch später in regelmäßigen Zwischenräumen von Sachverständigen geprüft und geeignet befunden worden sind.

Neben Apparaten, welche mit strömendem Wasserdampfe von Atmosphärendruck arbeiten, sind auch solche, die mäßig gespannten Dampf verwerten, verwendbar. Überhitzung des Dampfes ist zu vermeiden.

Die Prüfung der Apparate hat sich namentlich auf die Art der Dampfentwickelung, die Anordnung der Dampfzu- und -ableitung, den Schutz der zu desinfizierenden Gegenstände gegen Tropfwasser und gegen Rostflecke, die Handhabungsweise und die für eine ausreichende Desinfektion erforderliche Dauer der Dampfeinwirkung zu erstrecken.

Auf Grund dieser Prüfung ist für jeden Apparat eine genaue Anweisung für seine Handhabung aufzustellen und neben dem Apparat an offensichtlicher Stelle zu befestigen.

Die Bedienung der Apparate ist, wenn irgend angängig, nur geprüften Desinfektoren zu übertragen. Es empfiehlt sich, tunlichst bei jeder Desinfektion durch einen geeigneten Kontrollapparat festzustellen, ob die vorschriftsmäßige Durchhitzung erfolgt ist.

8. Auskochen in Wasser, dem Soda zugesetzt werden kann. Die Flüssigkeit muß kalt aufgesetzt werden, die Gegenstände vollständig bedecken und vom Augenblicke des Kochens ab mindestens eine Viertelstunde lang im Sieden gehalten werden. Die Kochgefäße müssen bedeckt sein.

9. Verbrennen, anwendbar bei leicht brennbaren Gegenständen von geringem Werte.

Anmerkung. Unter den angeführten Desinfektionsmitteln ist die Auswahl nach Lage des Falles zu treffen. Auch dürfen unter Umständen andere, in bezug auf ihre desinfizierende Wirksamkeit und praktische Brauchbarkeit erprobte Mittel angewendet werden, jedoch müssen ihre Mischungs- und Lösungsverhältnisse sowie ihre Verwendungsweise so gewählt werden, daß nach dem Gutachten des beamteten Arztes der Erfolg ihrer Anwendung einer Desinfektion mit den unter 1 bis 9 bezeichneten Mitteln nicht nachsteht.

II. Ausführung der Desinfektion.

Vorbemerkung.

Die Desinfektion soll nicht nur ausgeführt werden, nachdem der Kranke genesen, in ein Krankenhaus oder in einen anderen Unterkunftsraum übergeführt oder gestorben ist (Schlußdesinfektion), sondern sie soll fortlaufend auch während der ganzen Dauer der Krankheit stattfinden (Desinfektion am Krankenbette).

Die Desinfektion am Krankenbett ist von ganz besonderer Wichtigkeit. Es ist deshalb in jedem Falle anzuordnen und sorgfältig darüber zu wachen, daß womöglich von Beginn der Erkrankung an bis zu ihrer Beendigung alle Ausscheidungen des Kranken und die von ihm benutzten Gegenstände, soweit anzunehmen ist, daß sie mit dem Krankheitserreger behaftet sind, fortlaufend desinfiziert werden. Hierbei kommen hauptsächlich die nachstehend unter Ziffer 1 bis 6, 9, 14 bis 18 und 24 aufgeführten Gegenstände in Betracht. Auch sollen die mit der Wartung und Pflege des Kranken beschäftigten Personen ihren Körper, ihre Wäsche und Kleidung nach näherer Anweisung des Arztes regelmäßig desinfizieren.

Bei der Schlußdesinfektion kommen alle von dem Kranken benutzten Räume und Gegenstände in Betracht, soweit anzunehmen ist, daß sie mit dem Krankheitserreger behaftet sind und soweit ihre Desinfektion nicht schon während der Erkrankung erfolgt ist.

Genesene sollen vor Wiedereintritt in den freien Verkehr ihren Körper gründlich reinigen und womöglich ein Vollbad nehmen.

Auch sollen die Personen, welche die Schlußdesinfektion ausgeführt oder die Leiche eingesargt haben, ihren Körper, ihre Wäsche und Kleidung einer Desinfektion unterwerfen.

1. Ausscheidungen des Kranken.

a) Auswurf, Rachenschleim und Gurgelwasser sind in Gefäßen aufzufangen, welche bis zur Hälfte gefüllt sind

α) entweder mit verdünntem Kresolwasser, Karbolsäurelösung oder Sublimatlösung; in diesem Falle dürfen die Gemische erst nach mindestens zweistündigem Stehen beseitigt werden, am besten durch Ausgießen in den Abort;

β) oder mit Wasser, welchem Soda zugesetzt werden kann; in diesem Falle müssen die Gefäße mit Inhalt ausgekocht oder in geeigneten Desinfektionsapparaten mit Wasserdampf behandelt werden.

Auch läßt sich der Auswurf in brennbarem Material auffangen und mit diesem verbrennen.

b) Erbrochenes, Stuhlgang und Harn sind in Nachtgeschirren, Steckbecken oder dergleichen aufzufangen und alsdann sofort mit der gleichen

Menge von Kalkmilch, verdünntem Kresolwasser oder Karbolsäurelösung zu übergießen. Die Gemische dürfen erst nach mindestens zweistündigem Stehen in den Abort geschüttet werden.

c) Blut, blutige, eitrige und wässerige Wund- und Geschwürausscheidungen, Nasenschleim sowie die bei Sterbenden aus Mund und Nase hervorquellende schaumige Flüssigkeit sind in Wattebäuschen, Leinen- oder Mulläppchen oder dergleichen aufzufangen. Diese sind sofort zu verbrennen oder, wenn dies nicht angängig ist, in Gefäße zu legen, welche mit verdünntem Kresolwasser, Karbolsäurelösung oder Sublimatlösung gefüllt sind; sie müssen von der Flüssigkeit vollständig bedeckt sein und dürfen erst nach zwei Stunden beseitigt werden.

d) Hautabgänge (Schorfe, Schuppen und dergleichen) sind zu verbrennen oder, wenn dies nicht angängig ist, in der unter c bezeichneten Weise zu desinfizieren.

2. Verbandgegenstände, Vorlagen von Wöchnerinnen und dergleichen sind nach der unter Ziffer 1c gegebenen Vorschrift zu behandeln.

3. Schmutzwässer sind mit Chlorkalkmilch oder Kalkmilch zu desinfizieren; von der Chlorkalkmilch ist so viel hinzuzusetzen, daß das Gemisch stark nach Chlor riecht, von der Kalkmilch so viel, daß das Gemisch kräftig rotgefärbtes Lackmuspapier deutlich und dauernd blau färbt; in allen Fällen darf die Flüssigkeit erst zwei Stunden nach Zusatz des Desinfektionsmittels beseitigt werden.

4. Badewässer von Kranken sind wie Schmutzwässer zu behandeln. Mit Rücksicht auf Ventile und Ableitungsrohre empfiehlt es sich, hier eine durch Absetzen oder Abseihen geklärte Chlorkalkmilch zu verwenden.

5. Waschbecken, Spuckgefäße, Nachtgeschirre, Steckbecken, Badewannen und dergleichen sind nach Desinfektion des Inhalts (Ziffer 1, 3 und 4) gründlich mit verdünntem Kresolwasser, Karbolsäurelösung oder Sublimatlösung auszuscheuern und dann mit Wasser auszuspülen. Bei nichtemaillierten Metallgefäßen ist die Verwendung von Sublimat zu vermeiden.

6. Eß- und Trinkgeschirre, Tee- und Eßlöffel und dergleichen sind fünfzehn Minuten lang in Wasser, dem Soda — etwa 2 Prozent — zugesetzt werden kann, auszukochen und dann gründlich zu spülen. Messer, Gabeln und sonstige Geräte, welche das Auskochen nicht vertragen, sind eine Stunde lang in 1prozentige Formaldehydlösung zu legen und dann gründlich trockenzureiben.

7. Leicht brennbare Spielsachen von geringem Werte sind zu verbrennen, andere Spielsachen von Holz oder Metall sind gründlich mit Lappen abzureiben, welche mit 1prozentiger Formaldehydlösung befeuchtet sind, und dann zu trocknen.

8. Bücher, auch Akten, Bilderbogen und dergleichen sind, soweit sie nicht verbrannt werden, mit Formaldehydgas, Wasserdampf oder trockener Hitze zu desinfizieren.

9. Bett- und Leibwäsche, zur Reinigung der Kranken benutzte Tücher, waschbare Kleidungsstücke und dergleichen sind in Gefäße mit verdünntem Kresolwasser oder Karbolsäurelösung zu legen. Sie müssen von dieser Flüssigkeit vollständig bedeckt sein und dürfen erst nach zwei Stunden weiter gereinigt werden. Das dabei ablaufende Wasser kann als unverdächtig behandelt werden.

10. Kleidungsstücke, die nicht gewaschen werden können, Federbetten, wollene Decken, Matratzen ohne Holzrahmen, Bettvorleger, Gardinen, Teppiche, Tischdecken und dergleichen sind in Dampfapparaten oder mit Formaldehydgas zu desinfizieren. Das gleiche gilt von Strohsäcken, soweit sie nicht verbrannt werden.

11. Die nach den Desinfektionsanstalten oder -apparaten zu schaffenden Gegenstände sind in Tücher, welche mit verdünntem Kresolwasser, Karbolsäurelösung oder Sublimatlösung angefeuchtet sind, einzuschlagen und tunlichst nur in gut schließenden, innen mit Blech ausgeschlagenen Kasten oder Wagen zu befördern. Ein Ausklopfen der zur Desinfektion bestimmten Gegenstände hat zu unterbleiben. Wer solche Gegenstände vor der Desinfektion angefaßt hat, soll seine Hände in der unter Ziffer 14 angegebenen Weise desinfizieren.

12. Gegenstände aus Leder oder Gummi (Stiefel, Gummischuhe und dergleichen) werden sorgfältig und wiederholt mit Lappen abgerieben, welche mit verdünntem Kresolwasser, Karbolsäurelösung oder Sublimatlösung befeuchtet sind. Gegenstände dieser Art dürfen nicht mit Dampf desinfiziert werden.

13. Pelzwerk wird auf der Haarseite mit verdünntem Kresolwasser, Karbolsäurelösung, Sublimatlösung oder 1prozentiger Formaldehydlösung durchfeuchtet, feucht gebürstet, zum Trocknen hingehängt und womöglich gesonnt. Pelzwerk darf nicht mit Dampf desinfiziert werden.

14. Hände und sonstige Körperteile müssen jedesmal, wenn sie mit infizierten Gegenständen (Ausscheidungen der Kranken, beschmutzter Wäsche usw.) in Berührung gekommen sind, mit Sublimatlösung, verdünntem Kresolwasser oder Karbolsäurelösung gründlich abgebürstet und nach etwa fünf Minuten mit warmem Wasser und Seife gewaschen werden. Zu diesem Zwecke muß in dem Krankenzimmer stets eine Schale mit Desinfektionsflüssigkeit bereitstehen.

15. Haar-, Nagel- und Kleiderbürsten werden zwei Stunden lang in 1prozentige Formaldehydlösung gelegt und dann ausgewaschen und getrocknet.

16. Ist der Fußboden des Krankenzimmers, die Bettstelle, der Nachttisch oder die Wand in der Nähe des Bettes mit Ausscheidungen des Kranken beschmutzt worden, so ist die betreffende Stelle sofort mit verdünntem Kresolwasser, Karbolsäurelösung oder Sublimatlösung gründlich abzuwaschen; im übrigen ist der Fußboden täglich mindestens einmal feucht aufzuwischen, geeignetenfalls mit verdünntem Kresolwasser oder Karbolsäurelösung.

17. Kehricht ist zu verbrennen; ist dies ausnahmsweise nicht möglich, so ist er reichlich mit verdünntem Kresolwasser, Karbolsäurelösung oder Sublimatlösung zu durchtränken und erst nach zweistündigem Stehen zu beseitigen.

18. Gegenstände von geringem Werte (Strohsäcke mit Inhalt, gebrauchte Lappen einschließlich der bei der Desinfektion verwendeten, abgetragene Kleidungsstücke, Lumpen und dergleichen) sind zu verbrennen.

19. Leichen sind in Tücher zu hüllen, welche mit verdünntem Kresolwasser, Karbolsäurelösung oder Sublimatlösung getränkt sind, und alsdann in dichte Särge zu legen, welche am Boden mit einer reichlichen Schicht Sägemehl, Torfmull oder anderen aufsaugenden Stoffen bedeckt sind.

20. Zur Desinfektion infizierter oder der Infektion verdächtiger Räume, namentlich solcher, in denen Kranke sich aufgehalten oder Leichen gestanden haben, sind zunächst die Lagerstellen, Gerätschaften und dergleichen, ferner die Wände mindestens bis zu 2 Meter Höhe, die Türen, die Fenster und der Fußboden mittels Lappen, die mit verdünntem Kresolwasser oder Karbolsäurelösung getränkt sind, gründlich abzuwaschen oder auf andere Weise mit den genannten Lösungen ausreichend zu befeuchten; dabei ist besonders darauf zu achten, daß die Lösungen in alle Spalten, Risse und Fugen eindringen.

Die Lagerstellen von Kranken oder von Verstorbenen und die in der Umgebung auf wenigstens 2 Meter Entfernung befindlichen Gerätschaften, Wand- und Fußbodenflächen sind bei dieser Desinfektion besonders zu berücksichtigen.

Alsdann sind die Räumlichkeiten mit einer ausreichenden Menge heißen Seifenwassers zu spülen und gründlich zu lüften. Getünchte Wände sind mit einem frischen Kalkanstriche zu versehen, Fußböden aus Lehmschlag oder dergleichen reichlich mit Kalkmilch zu bestreichen.

21. Zur Desinfektion geschlossener oder allseitig gut abschließbarer Räume empfiehlt sich auch die Anwendung des Formaldehydgases; sie eignet sich zur Vernichtung von Krankheitskeimen, die an freiliegenden Flächen oberflächlich oder nur in geringer Tiefe haften. Vor Beginn der Desinfektion sind alle Undichtigkeiten der Fenster, Türen, Ventilationsöffnungen und dergleichen genau zu verkleben oder zu verkitten. Es ist überhaupt die größte Sorgfalt auf die Dichtung des Raumes zu verwenden, da hiervon der Erfolg der Desinfektion wesentlich abhängt. Auch ist durch eine geeignete Aufstellung, Ausbreitung oder sonstige Anordnung der in dem Raume befindlichen Gegenstände dafür zu sorgen, daß der Formaldehyd ihre Oberflächen in möglichst großer Ausdehnung trifft.

Für je 1 Kubikmeter Luftraum müssen mindestens 5 Gramm Formaldehydgas oder 15 Kubikzentimeter Formaldehydlösung (Formaldehydum solutum des Arzneibuchs für das Deutsche Reich) und gleichzeitig etwa 30 Kubikzentimeter Wasser verdampft werden. Die Öffnung der desinfizierten Räume darf frühestens nach vier Stunden, soll aber womöglich später und in besonderen Fällen (überfüllte Räume) erst nach sieben Stunden geschehen. Der überschüssige Formaldehyd ist vor dem Betreten des Raumes durch Einleiten von Ammoniakgas zu beseitigen.

Die Desinfektion mittels Formaldehyds soll tunlichst nur von geprüften Desinfektoren nach bewährten Verfahren ausgeführt werden.

Nach der Desinfektion mittels Formaldehyds können die Wände, die Zimmerdecke und die freien Oberflächen der Gerätschaften als desinfiziert gelten. Augenscheinlich mit Ausscheidungen des Kranken beschmutzte Stellen des Fußbodens, der Wände usw. sind jedoch gemäß den Vorschriften unter Ziffer 20 noch besonders zu desinfizieren.

22. Holz- und Metallteile von Bettstellen, Nachttischen und anderen Möbeln sowie ähnliche Gegenstände werden sorgfältig und wiederholt mit Lappen abgerieben, die mit verdünntem Kresolwasser oder Karbolsäurelösung befeuchtet sind. Bei Holzteilen ist auch Sublimatlösung verwendbar. Haben sich Gegenstände dieser Art in einem Raume befunden, während dieser mit Formaldehydgas desinfiziert worden ist, so erübrigt sich die vorstehend angegebene besondere Desinfektion.

23. Sammet-, Plüsch- und ähnliche Möbelbezüge werden mit verdünntem Kresolwasser, Karbolsäurelösung, 1prozentiger Formaldehydlösung oder Sublimatlösung durchfeuchtet, feucht gebürstet und mehrere Tage hintereinander gelüftet. Haben sich Gegenstände dieser Art in einem Raume befunden, während dieser mit Formaldehydgas desinfiziert worden ist, so erübrigt sich die vorstehend angegebene besondere Desinfektion.

24. Aborte. Die Tür, besonders die Klinke, die Innenwände bis zu 2 Meter Höhe, die Sitzbretter und der Fußboden sind mittels Lappen, die mit verdünntem Kresolwasser, Karbolsäurelösung oder Sublimatlösung getränkt sind, gründlich abzuwaschen oder auf andere Weise ausreichend zu befeuchten; in jede Sitzöffnung sind mindestens 2 Liter verdünntes Kresolwasser, Karbolsäurelösung oder Kalkmilch zu gießen.

25. Krankenwagen, Krankentragen, Räderfahrbahren und dergleichen. Die Holz- und Metallteile der Decke, der Innen- und Außenwände, Trittbretter, Fenster, Räder usw. sowie die Lederüberzüge der Sitze und Bänke werden sorgfältig und wiederholt mit Lappen abgerieben, die mit verdünntem Kresolwasser, Karbolsäurelösung oder Sublimatlösung befeuchtet sind. Bei Metallteilen ist die Verwendung von Sublimatlösung tunlichst zu vermeiden. Kissen und Polster, soweit sie nicht mit Leder überzogen sind, Teppiche, Decken usw. werden mit Wasserdampf oder nach Ziffer 23 desinfiziert. Der Wagenboden wird mit Lappen und Schrubber, welche reichlich mit verdünntem Kresolwasser, Karbolsäurelösung oder Sublimatlösung getränkt sind, aufgescheuert.

Andere Personenfahrzeuge (Droschken, Straßenbahnwagen, Boote usw.) sind in gleicher Weise zu desinfizieren.

26. Die Desinfektion der Eisenbahn-Personen- und Güterwagen erfolgt nach den Grundsätzen in Ziffer 20, 21 und 25, soweit hierüber nicht besondere Vorschriften ergehen.

Anmerkung. Abweichungen von den Vorschriften unter Ziffer 1 bis 26 sind zulässig, soweit nach dem Gutachten des beamteten Arztes die Wirkung der Desinfektion gesichert ist.

Anhang.

Besondere Vorschriften für die Desinfektion auf Schiffen und Flößen.

Auf Schiffen und Flößen ist die Desinfektion nach den vorstehenden Bestimmungen mit folgenden Maßgaben auszuführen:

1. Schiffe.

Soll die Desinfektion von Räumlichkeiten wegen der zu befürchtenden Beschädigungen oder wegen des längere Zeit haftenbleibenden Geruchs des Desinfektionsmittels nicht nach den Bestimmungen in Ziffer 20 und 21 stattfinden, so hat sie in nachbezeichneter Weise zu geschehen:

Die nicht mit Ölfarbe gestrichenen Flächen der Wände und Fußböden werden mit Kalkmilch angetüncht; dieser Anstrich ist nach drei Stunden zu wiederholen. Erst nach dem Trocknen des zweiten Anstrichs darf wieder feucht abgescheuert werden.

Wände mit Plüsch- oder ähnlichen Bezügen können nach Maßgabe der Vorschriften in Ziffer 23 desinfiziert werden.

Die mit Ölfarbe gestrichenen Flächen der Wände und Fußböden werden frisch gestrichen, jedoch darf zuvor der alte Anstrich nicht durch Abkratzen oder dergleichen beseitigt werden.

2. Flöße.

Die von Kranken oder Krankheitsverdächtigen benutzten Hütten werden, soweit sie nicht nach Ziffer 20 desinfiziert werden können, ebenso wie das Lagerstroh verbrannt.

Anlage 4.

Grundsätze für Maßnahmen im Eisenbahnverkehr beim Auftreten der Pocken.

1. Beim Auftreten der Pocken findet eine allgemeine und regelmäßige Untersuchung der Reisenden nicht statt; es werden jedoch dem Eisenbahnpersonale bekanntgegeben:

a) die Stationen, auf welchen Ärzte sofort erreichbar und zur Verfügung sind,

b) die Stationen, bei welchen geeignete Krankenhäuser zur Unterbringung von Pockenkranken bereitstehen (Krankenübergabestationen).

Die Bezeichnung dieser Stationen erfolgt durch die Landes-Zentralbehörde unter Berücksichtigung der Verbreitung der Seuche und der Verkehrsverhältnisse.

Ein Verzeichnis der unter a) und b) bezeichneten Stationen ist, nach der geographischen Reihenfolge der Stationen geordnet, jedem Führer eines Zuges, welcher zur Personenbeförderung dient, zu übergeben.

2. Auf den zu 1a) und b) bezeichneten Stationen sowie, falls eine ärztliche Überwachung von Reisenden an der Grenze angeordnet ist, auf den Zollrevisionsstationen sind zur Vornahme der Untersuchung Erkrankter die erforderlichen, entsprechend auszustattenden Räume von der Eisenbahnverwaltung, soweit sie ihr zur Verfügung stehen, herzugeben.

3. Die Schaffner haben dem Zugführer von jeder während der Fahrt vorkommenden auffälligen Erkrankung sofort Meldung zu machen.

Der Schaffner hat sich des Erkrankten nach Kräften anzunehmen; er hat alsdann jedoch jede Berührung mit anderen Personen nach Möglichkeit zu vermeiden.

Der Erkrankte ist, falls nicht die Verkehrsordnung seinen Ausschluß von der Fahrt vorschreibt, an der Weiterfahrt nicht zu verhindern; jedoch ist, sobald dies ohne Unterbrechung der Reise möglich ist, die Feststellung der Krankheit durch einen Arzt (1a) herbeizuführen.

Verlangt der Erkrankte, der nächsten im Verzeichnis aufgeführten Übergabestation übergeben zu werden, oder macht sein Zustand eine Weiterbeförderung untunlich, so hat der Zugführer, falls der Zug vor der Ankunft auf der Übergabestation noch eine Zwischenstation berührt, sofort beim Eintreffen dem diensthabenden Stationsbeamten Anzeige zu machen; dieser hat alsdann der Krankenübergabestation ungesäumt telegraphisch

Meldung zu erstatten, damit möglichst die unmittelbare Abnahme des Erkrankten aus dem Zuge selbst durch die Krankenhausverwaltung, die Polizei- oder die Gesundheitsbehörde veranlaßt werden kann.

Will der Erkrankte den Zug auf einer Station vor der nächsten Übergabestation verlassen, so ist er hieran nicht zu hindern. Der Zugführer hat aber dem diensthabenden Beamten der Station, auf welcher der Erkrankte den Zug verläßt, Meldung zu machen, damit der Beamte, falls der Erkrankte nicht bis zum Eintreffen ärztlicher Hilfe auf dem Bahnhofe, wo er möglichst abzusondern sein würde, bleiben will, seinen Namen, Wohnort und sein Absteigequartier feststellen und unverzüglich der nächsten Polizeibehörde unter Angabe der näheren Umstände mitteilen kann.

4. Erkrankt ein Reisender unterwegs in auffälliger Weise, so sind alsbald sämtliche Mitreisenden, ausgenommen solche Personen, welche zu seiner Unterstützung bei ihm bleiben, aus dem Wagenabteil, in welchem der Erkrankte sich befindet, zu entfernen und in einem anderen Abteil, abgesondert von den übrigen Reisenden, unterzubringen. Bei der Ankunft auf der Krankenübergabestation sind diejenigen Personen, welche sich mit dem Kranken in demselben Wagenabteile befunden haben, sofort dem etwa anwesenden Arzte zu bezeichnen, damit dieser denselben die nötigen Weisungen erteilen kann.

Im übrigen muß das Eisenbahnpersonal beim Vorkommen verdächtiger Erkrankungen mit der größten Vorsicht und Ruhe vorgehen, damit alles vermieden wird, was zu unnötigen Besorgnissen unter den Reisenden oder sonst beim Publikum Anlaß geben könnte.

5. Der Wagen, in welchem ein Pockenkranker sich befunden hat, ist sofort außer Dienst zu stellen und der nächsten geeigneten Station zur Desinfektion zu übergeben. Die näheren Vorschriften über diese Desinfektion sowie über die sonstige Behandlung der Eisenbahn-, Personen- und Schlafwagen bei Pockengefahr enthält die beigefügte Anweisung A.

6. Eine Beschränkung des Eisenbahngepäck- und Güterverkehrs findet, abgesehen von den bezüglich einzelner Gegenstände ergehenden Ausfuhr- und Einfuhrverboten, nicht statt.

A.

7. Eine Desinfektion von Reisegepäck und Gütern findet nur in folgenden Fällen statt:

a) Auf den zu 2 bezeichneten Zollrevisionsstationen erfolgt auf ärztliche Anordnung zwangsweise die Desinfektion von gebrauchtem Bettzeuge, gebrauchter Leibwäsche, getragenen Kleidungsstücken und sonstigen Gegenständen, welche zum Gepäck eines Reisenden gehören oder als Umzugsgut anzusehen sind und aus einem pockenverseuchten Orte stammen, sofern sie nach ärztlichem Ermessen als mit dem Ansteckungsstoffe der Pocken behaftet zu erachten sind.

b) Im übrigen erfolgt eine Desinfektion von Expreß-, Eil- und Frachtgütern — auch auf den Zollrevisionsstationen — nur bei solchen Gegenständen, welche nach Ansicht der Ortsgesundheitsbehörde als mit dem Ansteckungsstoffe der Pocken behaftet zu erachten sind.

Briefe und Korrespondenzen, Drucksachen, Bücher, Zeitungen, Geschäftspapiere usw. unterliegen keiner Desinfektion.

Die Einrichtung und Ausführung der Desinfektion wird von den Gesundheitsbehörden veranlaßt, welchen von dem Eisenbahnpersonale tunlichst Hilfe zu leisten ist.

8. Sämtliche Beamte der Eisenbahnverwaltung haben den Anforderungen der Polizeibehörden und der beaufsichtigenden Ärzte, soweit es in ihren Kräften steht und nach den dienstlichen Verhältnissen ausführbar ist, unbedingte Folge zu leisten und auch ohne besondere Aufforderung denselben alle erforderlichen Mitteilungen zu machen. Von allen Dienstanweisungen und Maßnahmen gegen die Pockengefahr und von allen getroffenen Anordnungen und Einrichtungen ist stets sofort den dabei in Frage kommenden Gesundheitsbehörden Mitteilung zu machen.

B.

9. Ein Auszug dieser Anweisung, welcher die Verhaltungsmaßregeln für das Eisenbahnpersonal bei pockenverdächtigen Erkrankungen auf der Eisenbahnfahrt enthält, ist beigefügt. Von diesen Verhaltungsmaßregeln ist jedem Fahrbeamten eines jeden zur Personenbeförderung dienenden Zuges ein Abdruck zuzustellen.

10. Von jedem durch den Arzt als Pocken erkannten Erkrankungsfall ist seitens des betreffenden Stationsvorstehers sofort der vorgesetzten Betriebsbehörde und der Ortspolizeibehörde schriftliche Anzeige zu erstatten, welche, soweit sie zu erlangen sind, folgende Angaben enthalten soll:

a) Ort und Tag der Erkrankung;
b) Name, Geschlecht, Alter, Stand oder Gewerbe des Erkrankten;
c) woher der Erkrankte zugereist ist;
d) wo der Kranke untergebracht ist.

A. Anweisung über die Behandlung der Eisenbahn-Personen- und Schlafwagen bei Pockengefahr.

1. Während eines Pockenausbruchs im Inland oder in einem benachbarten Gebiet ist für besonders sorgfältige Reinigung und Lüftung der dem Personenverkehre dienenden Wagen Sorge zu tragen; es gilt dies namentlich in bezug auf Wagen der 3. und 4. Klasse, welche zur Massenbeförderung von Personen aus einer von den Pocken ergriffenen Gegend gedient haben.

2. Ein Personenwagen, in welchem ein Pockenkranker sich befunden hat, ist sofort außer Dienst zu stellen und der nächsten mit den nötigen Einrichtungen versehenen Station zur Desinfektion zu überweisen, welche in nachstehend angegebener Weise zu bewirken ist.

Etwaige grobe Verunreinigungen im Innern des Wagens sind durch sorgfältiges und wiederholtes Abreiben mit Lappen, welche mit Karbolsäurelösung befeuchtet sind, zu beseitigen. Alsdann sind die Läufer, Matten, Teppiche, Vorhänge und beweglichen Polster abzunehmen, in Tücher, welche mit Karbolsäurelösung stark angefeuchtet sind, einzuschlagen und der Dampfdesinfektion zu unterwerfen. Ein vorheriges Ausklopfen dieser Gegenstände ist zu vermeiden. Gegenstände aus Leder, welche eine Dampfdesinfektion nicht vertragen, sind mit Karbolsäurelösung gründlich abzureiben. Demnächst ist der Wagen durchweg einer sorgfältigen Reinigung zu unterwerfen, wobei seine abwaschbaren Teile mit Karbolsäurelösung zu behandeln sind, und sodann in einem warmen, luftigen und trockenen Raume mindestens drei Tage lang aufzustellen.

Die bei der Reinigung verwendeten Lappen sind zu verbrennen.

Zur Herstellung der Karbolsäurelösung wird ein Gewichtsteil verflüssigte Karbolsäure (Acidum carbolicum liquefactum des Arzneibuchs für das Deutsche Reich) mit 30 Gewichtsteilen Wasser gemischt.

3. Ist ein Schlafwagen von einem Pockenkranken benutzt worden, so muß die während der Fahrt gebrauchte Wäsche desinfiziert werden. Zu diesem Zwecke ist sie in Tücher, welche mit Karbolsäurelösung stark befeuchtet sind, einzuschlagen und alsdann so in ein Gefäß mit Karbolsäurelösung zu legen, daß sie von der Flüssigkeit vollständig bedeckt wird; frühestens nach zwei Stunden ist dann die Wäsche mit Wasser zu spülen und zu reinigen. Zur Wäsche sind zu rechnen: die Laken, die Bezüge der Bettkissen und der Decken sowie die Handtücher. Die Desinfektion des Wagens selbst hat in der unter Ziffer 2 vorgeschriebenen Weise zu erfolgen; dabei sind jedoch auch die von dem Kranken benutzten Bettkissen, Decken und beweglichen Matratzen in der dort angegebenen Weise einzuschlagen und alsdann der Dampfdesinfektion zu unterwerfen. Statt der Desinfektion mit Karbolsäurelösung kann die Wäsche auch der Dampfdesinfektion unterworfen werden.

Für den Fall, daß es sich als notwendig erweisen sollte, einen Schlafwagenlauf gänzlich einzustellen, bleibt Bestimmung vorbehalten.

4. Die vorstehenden Bestimmungen finden sinngemäße Anwendung bei Erkrankungen von Zug- und Postbeamten in den von ihnen benutzten Gepäck- und Postwagen.

5. Zur Reinigung und Desinfektion dürfen nur solche Personen verwendet werden, welche die Pocken überstanden haben oder durch Impfung hinreichend geschützt sind oder sich sofort der Impfung oder Wiederimpfung unterwerfen. Diese Personen haben jedesmal, wenn sie mit infizierten Dingen in Berührung gekommen sind, die Hände durch sorgfältiges Waschen mit Karbolsäurelösung zu desinfizieren und sich sonst gründlich zu reinigen. Es empfiehlt sich, daß die Desinfektoren waschbare Oberkleider tragen; diese sind in derselben Weise wie die Wäsche aus den Schlafwagen zu desinfizieren.

B. Verhaltungsmaßregeln für das Eisenbahnpersonal bei pockenverdächtigen Erkrankungen auf der Eisenbahnfahrt.

1. Von jeder auffälligen Erkrankung, welche während der Eisenbahnfahrt vorkommt, hat der Schaffner dem Zugführer sofort Meldung zu machen.

2. Der Schaffner hat sich des Erkrankten nach Kräften anzunehmen; er hat alsdann jedoch jede Berührung mit anderen Personen nach Möglichkeit zu vermeiden.

3. Der Erkrankte ist, falls nicht die Verkehrsordnung seinen Ausschluß von der Fahrt vorschreibt, an der Weiterfahrt nicht zu verhindern; jedoch ist, sobald dies ohne Unterbrechung der Reise möglich ist, die Feststellung der Krankheit durch einen Arzt herbeizuführen.

Verlangt der Erkrankte der nächsten im Verzeichnis aufgeführten Übergabestation übergeben zu werden, oder macht sein Zustand eine Weiterbeförderung untunlich, so hat der Zugführer, falls der Zug vor der Ankunft auf der Übergangsstation noch eine Zwischenstation berührt, sofort beim Eintreffen dem diensthabenden Stationsbeamten Anzeige zu machen; dieser hat alsdann der Krankenübergabestation ungesäumt telegraphisch Meldung zu erstatten, damit möglichst die unmittelbare Abnahme des Erkrankten aus dem Zuge selbst durch die Krankenhausverwaltung, die Polizei- oder die Gesundheitsbehörde veranlaßt werden kann.

Will der Erkrankte den Zug auf einer Station vor der nächsten Übergabestation verlassen, so ist er hieran nicht zu hindern, der Zugführer hat aber dem diensthabenden Beamten der Station, auf welcher der Erkrankte den Zug verläßt, Meldung zu machen, damit der Beamte, falls der Erkrankte nicht bis zum Eintreffen ärztlicher Hilfe auf dem Bahnhofe, wo er möglichst abzusondern sein würde, bleiben will, seinen Namen, Wohnort und sein Absteigequartier feststellen und unverzüglich der nächsten Polizeibehörde unter Angabe der näheren Umstände mitteilen kann.

4. Sämtliche Mitreisenden, ausgenommen solche Personen, welche zur Unterstützung bei dem Erkrankten bleiben, sind aus dem Wagenabteil, in welchem der Erkrankte sich befindet, zu entfernen und in einem anderen Abteil, abgesondert von den übrigen Reisenden, unterzubringen.

5. Die Zugbeamten haben, wenn sie mit einem Erkrankten in Berührung gekommen sind, sich sorgfältig zu reinigen. Das gleiche ist Reisenden in derselben Lage zu empfehlen.

Anlage 5.

Wöchentlich dem Reichsgesundheitsamt einzusenden.

Nachweisung

über die in der Zeit vom ...... bis ...... 19.... vorgekommenen Pockenfälle.

Pockenverdächtige Fälle sind nicht aufzunehmen.

Name der Ortschaft (mit Angabe des Verwaltungsbezirkes)	Einwohnerzahl (letzte Volkszählung)	Neu erkrankt sind	Davon innerhalb der letzten 14 Tage vor der Erkrankung oder bereits krank von auswärts zugereist	Gestorben sind	Bemerkungen (insbesondere Tag des Ausbruchs im Berichtsort; Angabe des Ortes, woher die in Spalte 4 aufgeführten Personen zugereist sind; Bezeichnung des Impfzustandes der Neuerkrankten und der Gestorbenen — einmal geimpft, wiedergeimpft vor ...... Jahren, mit Erfolg, ohne Erfolg usw.)
1.	2.	3.	4.	5.	6.

Anlage 6.

Zählkarte für Erkrankungen und Todesfälle an Pocken.

Gemeinde: ....
Verwaltungsbezirk: ....
Staat: ....
Wohnung des Erkrankten oder Gestorbenen (Straße und Nr.): .....
....

1. **Vor- und Familienname** des Erkrankten (Gestorbenen):
   ....
2. **Geschlecht:** männlich? ....
   weiblich? ....
3. **Alter:** geb. den .... 1........ (wenn der Tag der Geburt nicht bekannt, wie alt? ....)
4. **Geburtsort:** ....
   Verwaltungsbezirk (Kreis): ....
   für außerhalb des Staates Geborene: Geburtsland: ....
   ....
5. **Genaue Bezeichnung des Hauptberufs:** ....
   Stellung im Hauptberufe (z. B. selbständig, Geselle usw.):
   ....
   Ort der Beschäftigung: ....
6. **Für Zugereiste** ist anzugeben:
   wann zugereist? ....
   woher? ....
7. **Datum der Erkrankung?** ....
   Datum der angefangenen ärztlichen Behandlung: ....
   Datum der etwaigen Aufnahme in ein Krankenhaus: ....

8. **Impfverhältnis:**
   Mit Erfolg geimpft? ....
   wann? ....
   a) Sind deutliche Impfnarben vorhanden? ....
   wie viele? ....
   b) Sind undeutliche Impfnarben vorhanden? ....
   wie viele? ....
   Ohne Erfolg geimpft? .... durch welche Ermittlung fest=
   gestellt? ....
   Wiedergeimpft: .... in welchem Lebensalter zum letzten
   Male? ....
   Mit Erfolg? .... Ohne Erfolg? .... Durch welche
   Ermittlung festgestellt? ....
   Ist der Erkrankte (Gestorbene) Soldat gewesen? ....
   wann? ....
   Ist er bereits pockenkrank gewesen? .... wann? ....
   Sind deutliche Pockennarben vorhanden? .... wo? .....
   ....

9. **Verlauf und Dauer der Krankheit:**
   Diagnose: diskrete? .... konfluierende? ....
   hämorrhagische? ....
   Pocken schwer? .... leicht? ....
   Wie lange hat die Krankheit gedauert? ....
   Sind Nachkrankheiten beobachtet? ....
   welche? ....
   Gestorben: wann? .... wo? (in der Wohnung,
   im Krankenhause? usw.) ....

10. **Ist Ansteckung nachgewiesen?** ....
    Wie erfolgte dieselbe? ....
    ....
    ....

    Wohnort: .... Datum: den ....
       Unterschrift: ....
        (des beamteten Arztes.)

Instruktion zur Ausfüllung der vorstehenden Karte.

Die Beantwortung der Fragen geschieht durch Worte beziehungsweise Zahlen **auf den vorgeschriebenen Linien.**

Zur Überschrift, die Wohnung betreffend: Für etwaige weitergehende medizinalpolizeiliche Erhebungen in größeren Orten empfiehlt es sich, die Wohnung im Hause genau zu bezeichnen. V. = Vorderhaus, H. = Hinterhaus, St. = Stockwerk, K. = Keller.

Zu Frage 5, Abs. 1: Für **nichterwerbsfähige** beziehungsweise nicht selbständige Personen (Ehefrauen ohne eigenen Beruf, Kinder usw.) ist der Beruf des Haushaltungsvorstandes anzugeben.

Zu Frage 5, Abs. 3: Die Eintragung über den **Ort der Beschäftigung** soll ersichtlich machen, **ob der Erkrankte regelmäßig außer dem Hause,** etwa in einer **Fabrik,** Werkstatt u. dgl. **(welcher Art — z. B.** Papierfabrik — und **wo gelegen?)** beschäftigt war, oder ob er eine **Schule** besuchte und **welche?**

Zu Frage 7, Abs. 1: Für die Feststellung des Datums der Erkrankung ist der im Beginn auftretende Schüttelfrost maßgebend. Fehlte derselbe, so ist ersichtlich zu machen, nach welchem Symptome der Beginn der Erkrankung datiert wurde.

Zu Frage 8: Über das Impfverhältnis werden die Angaben, wenn die Ärzte sie durch eigene Untersuchung gewinnen, besonders wertvoll sein. Führt die Untersuchung zu keinem Ergebnisse, dann ist anzugeben, ob die Antworten auf Angaben des Erkrankten oder der Angehörigen beruhen, oder durch Einsicht in amtliche Bescheinigungen (Impfschein, Revakzinationsschein, Impflisten) gewonnen sind.

Anhang.
Ratschläge an Ärzte für die Bekämpfung der Pocken.
Bearbeitet im Reichsgesundheitsamt.

Bei der großen Ansteckungsgefahr der Pocken ist die möglichst frühzeitige Erkennung jedes Pockenfalls, insbesondere aber der ersten Erkrankungen in einer Ortschaft, für die wirksame Verhütung einer Weiterverbreitung der Krankheit von besonderer Bedeutung.

Die Erkrankung an den Pocken (Blattern, Variolae) kommt 10 bis 13 Tage nach Aufnahme des Ansteckungsstoffs zum Vorscheine. Sie beginnt mit meist hohem Fieber (bis 41° C), das in der Regel durch einen Schüttelfrost eingeleitet wird. Der Kranke klagt über heftige Kopfschmerzen, über ein Gefühl von schmerzhafter Abgeschlagenheit in den Gliedern sowie über große Hinfälligkeit und zeigt zuweilen Neigung zu Ohnmachten. Häufig tritt auch Erbrechen ein. Es gesellen sich meist heftige Kreuz- und Rückenschmerzen dazu, die für das Anfangsstadium der Pocken besonders bezeichnend sind. Für die frühzeitige Erkennung der Pocken sind die prodromalen Exantheme, die dem Auftreten der Pusteln vorangehen, besonders wichtig. Sie erscheinen entweder am zweiten Krankheitstag im Gesicht und an den Gliedmaßen als masernartige Flecke, die rasch wieder verschwinden, oder schon am ersten Tage als scharlachähnliche Röte (hämorrhagisches Exanthem), die mit großer Regelmäßigkeit ihren Sitz an der unteren Bauchfläche und an den Innenflächen der Oberschenkel hat, jedoch in selteneren Fällen auf die Seitenflächen der Brust und die Oberarme übergreift. Gelegentlich kommt es auch zu starken Blutungen (Nasenbluten, vorzeitige Menstruation).

Am dritten oder vierten Krankheitstage tritt unter Fiebernachlaß (bis etwa 38° C) der eigentliche Pockenausschlag in die Erscheinung (Stadium des Ausbruchs). Es bilden sich rote Knötchen, die zuerst im Gesicht und auf dem Kopfe, dann am Rumpfe, später an den Armen und zuletzt an den Beinen auftreten. Aus den Knötchen entwickeln sich allmählich Bläschen, welche sich mehr und mehr erheben, die Haut schwillt an und erregt spannende, brennende Schmerzen. Viele, aber durchaus nicht alle dieser Bläschen zeigen in der Mitte eine leichte Einziehung (Pockennabel, Delle), die erst später bei weiterer Zunahme der Flüssigkeit sich ausgleicht. Die Bläschen bilden nicht einen einzigen Hohlraum, sondern sind durch feine Bälkchen in verschiedene Kammern geteilt. Beim Anstechen fällt die Blase daher nicht völlig zusammen.

Etwa bis zum Ablaufe des 6. Tages nach Beginn des Pockenausschlags ist der Inhalt der Bläschen allmählich eitrig geworden, die einem derben Infiltrat ansitzende Pockenpustel ist vollständig entwickelt (Stadium der Eiterung) und hat sich mit einem roten Hofe umgeben. Falls diese Pusteln dicht stehen, kann der Kranke durch die Anschwellung des Gesichts, das dann wie mit einer eitrigen Maske überzogen erscheint, geradezu unkenntlich werden; die Augen bleiben tagelang geschlossen.

Neben der äußeren Haut werden gleichzeitig oder zumeist etwas früher auch benachbarte Schleimhautgebiete von Pockenpusteln befallen, die sich

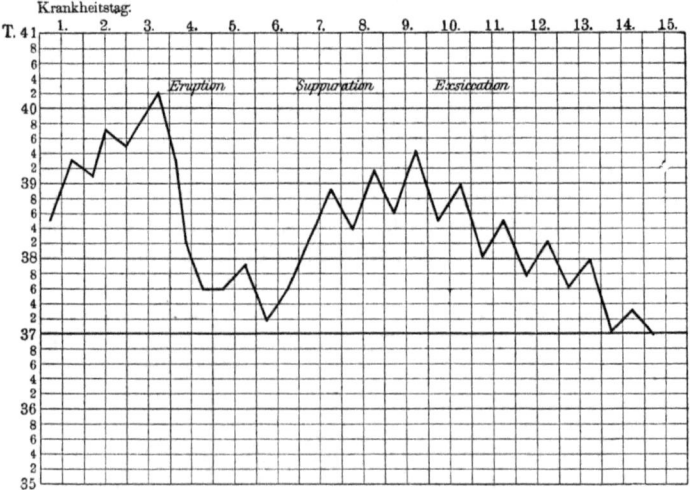

Fieberverlauf bei den Pocken.
Nach Jochmann=Hegler, Lehrbuch der Infektionskrankheiten. 2. Aufl. (Verlag von Julius Springer.)

in der Regel schnell zu oberflächlichen Geschwüren umwandeln und von ausgedehnten Katarrhen begleitet sind. Besonders sind es die Schleimhäute des Mundes, der Nase, des Rachens, des Kehlkopfs, der Luftröhre sowie die Augenbindehaut, die ergriffen werden.

In dieser gefährlichsten Entwicklungsstufe steigt das Fieber unter schweren Allgemeinerscheinungen von neuem. Dieses sekundäre, durch eingedrungene Eitererreger bedingte Fieber wird als Eiterfieber bezeichnet und ist häufig der Ausdruck einer septischen, von den Pusteln ausgegangenen Allgemeininfektion. Unter dem Einflusse des Fiebers und der Blutvergiftung verfallen die Kranken nicht selten in tobsüchtige Unruhe, in der sie, falls nicht auf sorgsame Überwachung Bedacht genommen wird, leicht gewaltsame Handlungen begehen und Fluchtversuche machen.

Im weiteren Verlaufe platzen die Pusteln und entleeren ihren eitrigen Inhalt, der an der Luft bald zu dicken bräunlichen Borken eintrocknet

(Stadium der Abtrocknung). Der unter den Borken hervorquellende Eiter verbreitet infolge seiner Zersetzung einen unangenehmen, oft sehr üblen Geruch. Nimmt die Krankheit eine günstige Wendung, so stoßen die Borken unter Hinterlassung der entstellenden Pockennarben sich allmählich ab.

Äußerst gefährlich sind die sogenannten hämorrhagischen oder schwarzen Pocken, bei denen der Inhalt der Bläschen und Pusteln blutig ist und auch sonst Blutungen in der Haut, den Schleimhäuten und inneren Organen auftreten. Auch bei den konfluierenden Pocken ist der Ausgang oft ein tödlicher. Diese Fälle sind dadurch gekennzeichnet, daß die Pusteln äußerst dicht stehen, infolgedessen leicht zusammenfließen und ausgedehnte Eiterblasen erzeugen. Die gefährlichste Abart ist die Purpura variolosa, bei welcher bereits in dem Anfangsstadium Blutungen in der Haut und den Schleimhäuten auftreten; sie endet mit dem Tode, bevor der Pockenausschlag zum Vorscheine gekommen ist.

Häufiger als diese ausgebildeten Pockenerkrankungen sind gegenwärtig die durch die Schutzimpfung gemilderten Fälle (Variolois). Zwar sind die Anfangserscheinungen auch hier oft schwer, jedoch ist der weitere Verlauf gewöhnlich kürzer und gutartig, die Pusteln sind weniger zahlreich, manchmal ganz vereinzelt, das Eiterungsfieber unbedeutend, die Schleimhäute nur wenig an der Erkrankung beteiligt.

Die schweren Pockenformen sind außerordentlich reich an Nachkrankheiten. Von solchen sind zu erwähnen: Druckbrand, Zellgewebsentzündungen, Mittelohrentzündung, Hornhauttrübungen, Geschwüre im Kehlkopfe, Lungenentzündung, Brustfellentzündung, schwere Bronchialkatarrhe, Entzündung der Speicheldrüsen, Verschorfung der Rachenschleimhaut, Lähmungen des Rückenmarks, Geistesstörungen.

In den letzten Jahren ist besonders in England eine leichte Form der Pocken beobachtet worden, die auch mit dem Namen „Alastrim" oder variola minor bezeichnet wird. Hier vollzieht sich die Entwicklung des Pockenausschlages, falls ein solcher überhaupt zustande kommt, auffallend schnell und kann in jedem Stadium zum Stillstand kommen. Mitunter erfolgt die Eruption in mehreren Schüben, die 10 Tage dauern können. Eiterfieber und ausgebreitete Pustelbildungen sind selten. Die Letalität ist sehr gering (unter 1 Prozent). Pocken in solch einer leichten Form können sowohl Geimpfte als auch Ungeimpfte aller Altersklassen befallen. Neben den milden Pocken tritt mitunter gleichzeitig die schwere Pockenform auf.

Die Sterblichkeit der Pockenkranken belief sich bei den in den Jahren 1896 bis 1910 im Deutschen Reiche beobachteten Fällen durchschnittlich auf 31 Prozent der ungeimpften und 6,7 Prozent der geimpften Personen.

Ausgebildete und vollentwickelte Pockenfälle sind so eigenartig, daß ein Arzt, auch wenn er die Pocken niemals gesehen hat, die Krankheit auf den ersten Blick erkennen wird. Dagegen ist eine Verwechselung leichter Pockenfälle mit Windpocken (Varizellen, Schafpocken, Wasserblattern) möglich. Dabei ist zu beachten, daß Windpocken vorwiegend eine Kinderkrankheit sind, von der Erwachsene nur ausnahmsweise befallen werden, und daß innerhalb der letzten 5 Jahre mit Erfolg geimpfte Kinder nur äußerst selten an Pocken erkranken. Im Gegensatze zu den echten Pocken gehen hier dem Auftreten des Ausschlags Fiebererscheinungen in der Regel nicht voran. Das Allgemeinbefinden ist nur wenig gestört, vor allem fehlt die Abgeschlagenheit und Hinfälligkeit. Das Fieber dauert nur 2 bis 3 Tage. Da die Bläschen schubweise auftreten und rasch eintrocknen, finden sich gleichzeitig die verschiedenen Entwicklungsstufen — Fleckchen, Bläschen, Krusten — nebeneinander. Während die Pocken das Gesicht und die Gliedmaßen bevorzugen, sitzen bei Windpocken die meisten Bläschen am Rumpfe und lassen vor allem die Unterarme, Hände und Füße frei. Ihre Zahl schwankt zwischen 10 und mehreren Hunderten. Die Decke der Windpockenbläschen ist dünn, durchscheinend und zeigt nicht den perlmutterartigen Schimmer der Pockenpusteln. Das Fehlen der Delle in der Mitte sowie ein nicht gefächerter Bau der Pustel sind keine zuverlässigen Anhaltspunkte für die Unterscheidung der beiden Krankheiten. Zur Erkennung zweifelhafter Fälle empfiehlt sich die Einsendung von Pustelinhalt, angetrocknet auf einen Objektträger, an ein wissenschaftliches Institut (Institut für Infektionskrankheiten „Robert Koch", Berlin; Bakteriologische Abteilung des Reichsgesundheitsamts, Berlin-Dahlem) behufs Übertragung auf die Kaninchenhornhaut (Pockendiagnose nach Paul).

Vor einer Verwechslung der beginnenden Pocken mit Scharlach und Masern wird die sorgfältige Weiterbeobachtung jedes zweifelhaften Falles schützen.

In jedem Falle von nur pockenverdächtigen Erkrankungen ist nach Ablauf derselben eine Impfung mit frischer Lymphe vorzunehmen. Aus dem Impfverlauf bietet sich die Möglichkeit, noch nachträglich weitere Schlüsse für die Diagnose zu ziehen.

Während in den beiden Jahren 1871 und 1872 im Deutschen Reiche 162111 Personen an den Pocken gestorben sind, ist unter dem Einflusse des Impfgesetzes vom 8. April 1874 die Krankheit erheblich zurückgegangen. In dem fünfjährigen Zeitraume von 1925 bis 1929 sind im Deutschen Reiche im Jahresdurchschnitte nur 8 Personen an den Pocken erkrankt und 2 gestorben. Ein großer Teil dieser Fälle betraf Ausländer. Im übrigen sind es gewisse Berufsarten, die der Ansteckung am meisten ausgesetzt sind: Krankenpfleger und -pflegerinnen, Desinfektoren, Wäscherinnen, Leichenschauer und Leichenfrauen, Krankentransporteure, alle Angestellten an Krankenhäusern, Geistliche, ferner Personen, die mit der Verarbeitung von Lumpen und Bettfedern beschäftigt sind, sowie solche, die, wie Eisenbahnschaffner und Seeleute, häufig mit Ausländern in Berührung kommen.

Die Pocken werden augenscheinlich durch einen belebten Krankheitskeim erzeugt, der sehr widerstandsfähig ist und in eingetrocknetem Zustande lange wirksam bleibt. Der Ansteckungsstoff ist hauptsächlich in dem Inhalte der Bläschen und Pusteln enthalten. Die Übertragung auf Gesunde kommt entweder unmittelbar durch den Verkehr mit Kranken oder mittelbar durch Zwischenträger, denen Pockenkeime anhaften, zustande. Zwischenträger können Gegenstände aller Art sein, wie gebrauchte Leib- und Bettwäsche, Kleidungsstücke, Betten, Polster, Bettfedern, Lumpen, Teppiche usw., aber auch gesunde Personen, die mit Kranken in Berührung gekommen sind. Ebenso kann durch die Luft eine Übertragung auf die Nachbarschaft stattfinden. Beim Husten oder Niesen werden winzige den Krankheitserreger enthaltende Schleimtröpfchen in die Luft hinausgeschleudert.

Jeder noch so leichte Pockenfall kann die Krankheit in ihrer schwersten Form verbreiten; er bedeutet daher für seine Umgebung eine große Gefahr, weil gerade Leichtkranke mit mehr Menschen in Berührung zu kommen pflegen als Schwerkranke.

Anzeigepflicht. Sobald ein Arzt einen Pockenfall festgestellt hat oder auch nur den Verdacht hegt, daß es sich bei einem Kranken um einen Pockenfall handeln könne, ist er nach den gesetzlichen Bestimmungen[1]) verpflichtet, der Behörde unverzüglich eine Anzeige zu erstatten. Ein solcher Verdacht ist schon dann gerechtfertigt, wenn bei einem Erwachsenen ein den Windpocken ähnliches Krankheitsbild beobachtet wird. Zu Zeiten der Pockengefahr jedoch empfiehlt es sich, alle Fälle von Windpocken als pockenverdächtige Erkrankungen anzusehen und zu melden. Eine Unterlassung der vorgeschriebenen Anzeige hat wiederholt eine rechtzeitige Bekämpfung der Krankheit verhindert und die Entstehung örtlicher Epidemien begünstigt.

Absonderung des Kranken in seiner Wohnung. Nach den bestehenden Vorschriften sind Pockenkranke auf das strengste abzusondern. Da sich eine solche Absonderung nur schwer durchführen läßt, sind, solange der Kranke in seiner Behausung versorgt wird, Übertragungen auf Familienmitglieder, Hausgenossen und Nachbarn sehr häufig wahrnehmbar. Vor allen Dingen ist aber eine Verbreitung der Krankheit dann zu befürchten, wenn die Räumlichkeiten eng, die Familie groß und die Geldmittel beschränkt sind. In solchen Fällen hat der Kranke gewöhnlich auch unter mangelhafter Pflege zu leiden und ist der Gefahr einer septischen Sekundärinfektion besonders leicht ausgesetzt.

Absonderung des Kranken im Krankenhause. Der Arzt sollte daher in allen Fällen seinen Einfluß geltend machen, daß Pockenkranke sobald als möglich in ein Krankenhaus übergeführt werden.

---

[1]) §§ 1 und 2 des Reichsgesetzes, betreffend die Bekämpfung gemeingefährlicher Krankheiten, vom 30. Juni 1900, zu dessen Ausführung in bezug auf die Pocken eine besondere Anweisung vom Bundesrat unterm 28. Januar 1904 erlassen worden ist. (Verlag von Julius Springer, Berlin W 9.) Vgl. auch die zur Ausführung dieser reichsgesetzlichen Vorschriften in den einzelnen Bundesstaaten ergangenen besonderen Bestimmungen.

Krankenbeförderung. Die Fortschaffung des Kranken soll nicht in einer Droschke, einem Straßenbahnwagen oder in einem anderen öffentlichen Fuhrwerke geschehen, sondern für diesen Zweck ist, wo immer möglich, ein Krankentransportwagen zu benutzen, der sofort nach dem Gebrauche desinfiziert werden muß.

Jeder Aufenthaltswechsel des Kranken ist bei der Polizeibehörde des bisherigen und des neuen Aufenthaltsorts zur Anzeige zu bringen.

Verhalten in verdächtigen Fällen. Bei pockenverdächtigen Fällen sind in jeder Hinsicht dieselben Vorsichtsmaßnahmen zu ergreifen wie bei ausgesprochenen Pockenfällen.

Wartung und Pflege. Das Krankenbett soll, wenn irgend möglich, von allen Seiten zugänglich sein. Das Krankenzimmer ist mehrmals täglich zu lüften. Der Fußboden ist täglich mit einer desinfizierenden Flüssigkeit feucht aufzuwaschen.

Jeder bei der Pflege Pockenkranker Beteiligte sollte sich vor Übernahme der Pflege neu impfen lassen. Für die mit der Wartung und Pflege des Kranken betrauten Personen empfiehlt es sich, im Krankenzimmer ein waschbares Überkleid zu tragen. Vor jedem Verlassen des Krankenzimmers ist das Überkleid abzulegen und sind die Hände zu desinfizieren. Das Pflegepersonal soll sich im Besitze der vom Bundesrate beschlossenen „Gemeinverständlichen Belehrung über die Pockenkrankheit und ihre Verbreitungsweise" sowie der „Desinfektionsanweisung bei Pocken" befinden[1]). Das Pflegepersonal hat die Desinfektionsvorschriften gewissenhaft zu befolgen und den Verkehr mit anderen Personen zu vermeiden.

Die Pfleger von Pockenkranken dürfen die Pflege von anderen Kranken erst dann übernehmen, nachdem sie sich selbst, ihre Wäsche und Kleidung einer gründlichen Desinfektion unterzogen haben.

Auch der Arzt wird die erforderlichen Vorsichtsmaßregeln anwenden, um den Ansteckungsstoff nicht selbst weiterzutragen. Nach dem Krankenbesuch ist daher jedesmal eine Desinfektion der Hände, des Gesichts, der Bart- und Haupthaare sowie Baden und Umkleiden von größter Wichtigkeit.

Desinfektion am Krankenbette. Um den Ansteckungsstoff so frühzeitig wie möglich zu vernichten, ist es dringend notwendig, daß am Krankenbette fortlaufend eine Desinfektion während der ganzen Dauer der Krankheit stattfindet. Auf die Notwendigkeit dieser Maßregel und auf die Art ihrer Ausführung sollte der behandelnde Arzt die Familie und das Pflegepersonal immer wieder von neuem hinweisen. Dabei sind vom Beginne der Erkrankung an bis zu ihrer Beendigung alle Ausscheidungen des Kranken und die von ihm benutzten Gegenstände, soweit anzunehmen ist, daß sie mit dem Krankheitserreger behaftet sind, fortlaufend zu desinfizieren. Hierbei kommen hauptsächlich in Betracht: die Hautabgänge (Schorfe) und Ausscheidungen (Kot, Harn, Auswurf), die Ver-

---

[1]) Von der Ortspolizeibehörde zu beziehen.

bandsstoffe, die Läppchen, die zur Reinigung von Mund und Nase verwendet worden sind, die Leib- und Bettwäsche, das Eß- und Trinkgeschirr, das Wasch- und Badewasser sowie die Badewanne. Je mehr während der Dauer der Krankheit für Vernichtung des Ansteckungsstoffs gesorgt wird, um so einfacher gestaltet sich die Desinfektion des Krankenzimmers und seines Inhalts nach Ablauf der Krankheit.

Schlußdesinfektion. Sofort nach der Genesung, dem Tode oder nach der Überführung des Kranken in ein Krankenhaus sind das Krankenzimmer und die darin befindlichen Gegenstände zu desinfizieren. Dies geschieht zweckmäßig durch einen staatlich geprüften Desinfektor. Die Desinfektionen sind genau nach der „Desinfektionsanweisung bei Pocken" auszuführen.

Der Genesende ist so lange für seine Umgebung gefährlich, als Krusten und Borken sich noch an seinem Körper finden. Er soll daher einen häufigen Gebrauch von Bädern und Seifenabwaschungen machen und, bevor er wieder in Verkehr tritt, eine Desinfektion seines Körpers nach ärztlicher Anweisung vornehmen. Alsdann ist er mit desinfizierter Wäsche und Kleidung zu versehen.

Übertragungen in Krankenhäusern. Bei der großen Ansteckungsfähigkeit der Pocken ist es erklärlich, daß in Krankenhäusern Übertragungen sowohl auf das Pflege- und Dienstpersonal, als auch auf Pfleglinge, die dort von einer anderen Krankheit Heilung suchen, beobachtet werden. Es ist daher von größter Bedeutung, daß vom Beginne der ersten verdächtigen Erscheinungen an der Kranke und sein Pflegepersonal von dem Verkehre mit anderen Personen streng abgesondert bleiben, daß die vorgeschriebenen Desinfektionsmaßnahmen gewissenhaft befolgt und daß schon in seuchenfreien Zeiten regelmäßige Wiederimpfungen aller im Krankenhause beschäftigten Personen (einschließlich des Personals der Apotheke, der Küche, der Waschanstalt, der Lichtzentrale, Gärtnerei usw.) vorgenommen werden. In kleineren Krankenhäusern empfiehlt es sich außerdem, beim Einbringen eines Pockenkranken sofort auch den sämtlichen Pfleglingen, sofern es ihr Zustand erlaubt, die Wiederimpfung nahezulegen.

Leichen. Auch von Pockenleichen kann eine Ansteckung ausgehen. Sie sind daher sobald als möglich aus dem Sterbehaus in eine Leichenhalle überzuführen, oder falls dies nicht möglich ist, in einem abgesonderten verschließbaren Raume zu verwahren. Das Waschen der Leichen, ihre Ausstellung in offenem Sarge, Bewirtungen im Sterbehaus usw. sind in hohem Grade gefährlich und deshalb unzulässig. Bei der Leichenbestattung sollte ärztlicherseits darauf hingewirkt werden, daß nur solche Leute dabei herangezogen werden, die durch Impfung hinreichend geschützt sind oder die Pocken überstanden haben.

Schutzpockenimpfung. Das wirksamste Schutzmittel gegen die Erkrankung an Pocken ist die Impfung. Fast immer bleiben Personen, welche innerhalb der letzten zehn Jahre mit Erfolg geimpft oder wiedergeimpft worden sind, von den Pocken verschont oder werden nur von einer leichten Form dieser Krankheit befallen. Die Gefahr, zu erkranken, ist um so geringer, je frischer noch der durch die Impfung erworbene Schutz ist. Für die Angehörigen und Hausgenossen, auch wenn sie schon früher mit Erfolg geimpft oder wiedergeimpft worden sind, kann deshalb die sofortige Impfung nicht dringend genug angeraten werden. Auch sollte jeder Arzt und Medizinstudierende sich selbst durch Wiederholung der Impfung für Pocken unempfänglich machen, damit er jederzeit ohne eigene Gefahr an das Krankenbett eines von den Pocken Befallenen treten kann. Ist bereits eine Ansteckung erfolgt, so vermag die Impfung in der Regel den Ausbruch der Pocken nicht mehr zu verhindern, gewährt aber immerhin eine gewisse Aussicht für einen leichteren Verlauf der Krankheit. Dem Impfzustande des Pflegepersonals soll der Arzt stets seine Aufmerksamkeit widmen. Auch ist es eine wichtige und dankenswerte Aufgabe der Ärzte, bei jeder sich bietenden Gelegenheit auf den Nutzen der Schutzpockenimpfung hinzuweisen.

Sachverzeichnis.

Aborte
 Desinfektion 30.
Absonderung
 Ansteckungsverdächtiger — 8, 9; Kranker usw. 7, 22, 45; Mitreisender 33, 36; Dauer der — 8.
Allgemeine Vorschriften 18.
Angehörige
 letzter Aufenthaltsort der — 7; Vorsichtsmaßregeln der — im Verkehr mit Kranken 7.
Ansammlung von Menschen, Verbot der — 14.
Ansteckung
 Arten der — 21; Ermittelung der — 6.
Ansteckungsstoff
 in Pusteln und Bläschen enthalten 22, 45; Widerstandsfähigkeit des — 22, 44.
Ansteckungsverdächtige
 Absonderung, Beobachtung der — 8, 9; Anzeige bei Wohnungswechsel der — 9; Aufhebung der Anordnungen bezüglich der — 12; Unterbringung der — 8.
Anweisung über die Behandlung der Eisenbahn-Personen- und Schlafwagen bei Pockengefahr 34.
Anzeigeerstattung
 Erleichterung der — 5.
Anzeigepflicht
 bei Erkrankungen, Verdacht, Todesfall 5, 45; beim Wechsel des Aufenthaltsortes Erkrankter usw. 5.
Arbeiter, fremdländischer,
 Impfung der — 16; Verschärfte Beobachtung der — 9.
Arbeiter in infizierten Betrieben,
 Schutzpockenimpfung der — 13, 23.
Arbeitsgenossen
 Absonderung der — 9.
Arbeitsstätte
 Beschränkung in der Wahl der — 9;

Meldung der — seitens Ansteckungsverdächtiger 9; verdächtige Erkrankungen auf — 7.
Arzt
 Sicherstellung des Bedarfs an — 13; Vertretung des beamteten Arztes durch — 19.
Arzt, beamteter, 18;
 Ausführung der Schutzpockenimpfung durch — 6; Benachrichtigung des — durch Polizeibehörde 6; Benachrichtigung des behandelnden Arztes durch — 6; Ermittelungen des — 6; Feststellung des Ausbruchs usw. der Pocken durch — 6; Gutachten des — betr. Aufhebung der Anordnungen 12; Gutachten des — betr. Beförderung mit der Eisenbahn 15; Gutachten des — betr. Verkehr infizierter Gegenstände 14; Mitteilung des Untersuchungsergebnisses an Polizeibehörde durch — 6; Verhalten des — bei Gefahr im Verzuge 7; Vertretung des — 19; Vorlegung eines Verzeichnisses über Erkrankte usw. an Polizeibehörde seitens des — 9; Zutritt des — zum Kranken und zur Leiche 6.
Arzt, behandelnder,
 Anzeigepflicht des — 5; Auskunfterteilung durch — 6; Hinzuziehung des — zur Untersuchung 6; Schutzpockenimpfung des — 13, 23; Mitwirken des — bei der Überführung ins Krankenhaus 8.
Arzneimittel
 Sicherstellung des Bedarfs an — 13.
Aufenthaltsort
 Anweisung des — 9; Anzeige bei Wechsel des — 5, 9; Ermittelung des — vor der Erkrankung 6.
Aufhebung der Anordnungen 12.
Ausscheidungen des Kranken
 Auffangen in Gefäßen 26; Desinfektion der — 10, 26.

Ausstellung der Leiche
 Verbot der — 11.
Auswanderer, fremdländische,
 Verschärfte Beobachtung der — 9.
Auswandererhäuser
 Unterbringung der Durchwanderer in — 16.
Auswurf
 Desinfektion des — 10, 26.

Bad, bei Personendesinfektion 22, 26.
Badewasser
 Desinfektion des — 10, 27.
Bahnhofsvorstand
 Benachrichtigung des — durch Zugführer 32, 36.
Beamteter Arzt s. Arzt, beamteter.
Beerdigungsort, ordnungsmäßiger — 11.
Beförderung der Leichen
 Regelung der Kosten der — 18; Verbot der — 11.
Beförderungsmittel, öffentliche, zur Fortschaffung von Kranken 8; Benutzung der — usw. 8; Desinfektion der — 8; Sicherstellung des Bedarfs an — 13.
Behandelnder Arzt s. Arzt, behandelnder.
Behörde
 Gegenseitige Unterstützung der — 19; Meldung der — in Garnisonorten 16; Regelung der Zuständigkeit der — 18.
Belehrungen, gemeinverständliche 21; unentgeltliche Verteilung der — 14; Verteilung der — an Haushaltungsvorstand 10.
Beobachtung Ansteckungsverdächtiger — 9; Dauer der — 9; Vermeidung von Belästigungen bei der — 9; verschärfte — 9.
Bestattung der Leichen
 Vorsichtsmaßregeln bei der — 11.
Besuch, auswärtiger,
 Ansteckung durch — 7.
Betrieb, gewerblicher,
 Ansteckung im — 7; Schließung, Beschränkung des — 11.
Bettfedern
 Ansteckung durch — 7, 8; Verkehrsverbot für — 14.
Bettfedern-Reinigungsanstalt
 Impfung der Arbeiter in — 23.
Bettwäsche
 Ansteckung durch — 21; Desinfektion der — 10, 12, 14, 28; häufiges Wechseln der — 22.
Bettzeug
 Verkehrsverbot für — 14.
Blattern s. Pocken.
Blut
 Desinfektion des — 27.
Briefe
 keine Desinfektion der — 34.
Briefträger 8, 9.
Bücher
 Desinfektion der — 27; keine Desinfektion der — 34.

Chlorkalk 24.

Dampfapparat
 Desinfektion mit — 25, 28.
Desinfektion
 Anordnung der — für Bettzeug usw. aus infizierten Ortschaften 14; Ausführung der — 26; — der Ausscheidungen 10, 26; — der Beförderungsmittel 8; — mit Chemikalien 24; — mit Dampfapparat 25, 28; — von Eisenbahnwagen 34; — mit Formaldehyd 24; fortlaufende — 10; — der Gebrauchsgegenstände 10; — von Gegenständen des Güter- und Reiseverkehrs 14, 33; — nach der Genesung 12; — am Krankenbette 46; — von Personen 12, 26; — von Räumen 29; — auf Schiffen und Flößen 31; Schlußdesinfektion 12; — der Wäsche eines Reisenden 35.
Desinfektionsanstalt
 Errichtung der — 13.
Desinfektionsanweisung bei Pocken 24, 46.
 Abweichung von der — 25, 31.
Desinfektionsmittel 24.
 Anwendung der — im einzelnen 26; Sicherstellung des Bedarfs an — 13.
Desinfektionsvorschriften
 s. Desinfektionsanweisung; Abweichungen von den — 25, 31.
Desinfektor
 rechtzeitige Ausbildung der — 13; Ausführung der Dampf- oder Formaldehyddesinfektion durch — 25; Schutzpockenimpfung des — 13, 23; Vorsichtsmaßregeln des — bei der Desinfektion 35.

Drahtbinder, fremdländische,
 verschärfte Beobachtung der — 9.
Droschken
 Benutzung von — 8; Desinfektion
 von — 30.
Drucksachen
 keine Desinfektion der — 34.
Durchwanderer
 Grenzüberschreitung, Massenbeförderung, Überwachung der — 16.

Eilgut
 Desinfektion des — 33.
Einfuhrverbot
 gegen Inland 14; gegen Ausland 14.
Eisenbahn
 Beförderung Pockenkranker auf der — 15.
Eisenbahnfahrt
 Erkrankungen während der — 15, 32, 35.
Eisenbahngepäck
 Desinfektion des — 14, 33.
Eisenbahnpersonal
 Desinfektion des — 15; Unterstützung der Gesundheitsbehörden durch — 34; Verhalten des — bei verdächtigen Erkrankungen während der Fahrt 15, 33, 35.
Eisenbahnstation
 zur Krankenübergabe 32; — mit verfügbaren Ärzten 32.
Eisenbahnverkehr
 Ausführung der Schutzmaßregeln im — 16; Maßnahmen im — 32.
Eisenbahnwagen
 Desinfektion des — 30, 33.
Eiter
 Desinfektion des — 27.
Entbindungsanstalten
 Anzeigepflicht des Vorstehers der — 5; Auskunfterteilung durch Vorsteher der — 6.
Entschädigung 19.
Erbrochenes
 Desinfektion des — 26.
Erkrankung
 Anzeige der — 5.
Erkrankung
 verdächtige Anzeige der — 5.
Ermittlung
 der Krankheit seitens des beamteten Arztes 6; — in Ortschaften über 10000 Einwohnern 6.
Eßgeschirr
 Desinfektion des — 10, 27.

Expreßgut
 Desinfektion des — 33.
Fahrzeuge
 Sicherstellung der — zum Krankentransport 13; Desinfektion der — 8, 30.
Flöße
 Anzeigepflicht auf — 5; Desinfektion auf — 31.
Formaldehyd
 Desinfektion mit — 24.
Fortlaufende Desinfektion 12.
Frachtgut
 Desinfektion des — 33.
Fuhrwerke
 Fortschaffung der Kranken in — 8.
Fußboden
 Desinfektion des — 10, 28, 30.

Garnisonältester
 Mitteilung der Erkrankungen an — 17.
Garnisonorte
 Mitteilung an Militärbehörde in — 16.
Gebrauchsgegenstände
 Desinfektion der — 10, 12, 27.
Gefahr im Verzuge
 Verhalten des beamteten Arztes bei —. 7.
Gefangenenanstalt
 Anzeigepflicht des Vorstehers der — 5; Auskunfterteilung durch Vorsteher der — 6.
Gegenstände
 Verkehrsverbot für infizierte — 14; Vernichtung der wertlosen — 12, 25, 29.
Geistlicher
 Impfung des — 13, 23.
Gemeinverständliche Belehrungen 21, 46.
 Abgabe der — 10, 14.
Genesender
 Aufhebung der Anordnungen bezüglich des — 12; Desinfektion des — 22; Gefahr der Ansteckung durch — 22.
Genußmittel
 Beschränkung, Schließung der Verkaufsstellen der — 11.
Gepäck
 Desinfektion des — der Reisenden 33.
Gepäckverkehr
 Unzulässigkeit der weitergehenden Beschränkung des — 15, 33.

Gepäckwagen
Desinfektion des — 35.
Geschäftspapiere
keine Desinfektion der — 34.
Gesundheitsamt (Reichs-)
Einsendung der Zählkarten an — 18; Mitteilungen an — 17; Wochennachweis an — 18.
Gesundheitsbehörde
Erscheinen vor der — 9.
Grenze
Übertritt der Durchwanderer an der — 16; Überwachung der Reisenden an der — 16, 32.
Grundsätze für Maßnahmen im Eisenbahnverkehr beim Auftreten der Pocken 32.
Güterverkehr
Unzulässigkeit weitergehender Beschränkung im — 15.

Hadern
Ansteckung durch — 8; Verkehrsverbot für — 14.
Hafenort
Unterbringung der Durchwanderer im — 16.
Hände
Desinfektion der — 10, 28.
Haus, infiziertes,
Kenntlichmachung des — 11.
Hausbewohner
Beobachtung der — 9; Impfung der — 13.
Haushaltungsvorstand
Anzeigepflicht des — 5; Ausführung der Desinfektion durch — 10; Aushändigung der gemeinverständlichen Belehrungen an den — 10; Auskunfterteilung durch — 6; Hinweis des — auf Ansteckungsgefahr der Pocken 10.
Hausierer
verschärfte Beobachtung der — 9.
Hautabgänge
Desinfektion der — 10, 12, 27.
Hebeamme
Impfung der — 23.
Heer
Schutzmaßregeln im — 17.
Holzteile an Möbeln
Desinfektion der — 30.
Impfstoff
Abgabe des — 13; Sicherstellung des Bedarfs an — 13; Vorrat an — beim beamteten Arzt 6.

Impfung
in Zeiten der Pockenerkrankungen 13; öffentliche, unentgeltliche — 13.
Jugendliche Personen
Fernhaltung der — vom Schulbesuch 10.

Kalk 24.
Kalkmilch 24.
Karbolsäure 24.
Kartenbrief
Benutzung des — bei Anzeige 5.
Kehricht
Desinfektion des — 29.
Kenntlichmachung der Häuser mit Erkrankten 11.
Kleidungsstücke
Ausfuhrverbot für alte, gebrauchte — 14; Desinfektion der — 10, 12, 14, 15, 23; Desinfektion der nicht waschbaren — 28; der waschbaren — 28.
Kommandant des Garnisonortes
Mitteilung der Erkrankung an den — 17.
Kommunalverbände
Treffen von Schutzmaßregeln durch die — 18.
Körper
Desinfektion des — 22, 28.
Korrespondenzen
Keine Desinfektion der — 34.
Kosten
der Beschaffung der Kartenbriefe 5; Regelung der — 18.
Kot
Desinfektion des — 10.
Krankenanstalt
Anzeigepflicht des Vorstehers der — 5; Auskunfterteilung durch Vorsteher der — 6.
Krankenbeförderung 46.
Krankenhaus, geeignetes,
Überführung in ein — 8.
Krankenpflege s. Pflegepersonal.
Krankenübergabestation 32.
Krankenwagen
Desinfektion 30.
Krankenzimmer
Desinfektion des — 10, 12, 22, 28; tägliche Reinigung des — 22.
Krankheit
Ermittelung der — 6.
Krankheitserscheinungen
der Pocken 21, 41.

Krankheitserscheinungen, verdächtige.
Ermittelung der Dauer der — 6.
Krankheitsverdächtige
Absonderung der — 7; Aufhebung der Anordnungen bezüglich der — 12; Fortschaffung der — 8; Unterbringung der — 8.
Krankheitsverlauf der Pocken 21, 41.
Kresolseifenlösung 24.
Kresolwasser 24.
Krusten
Bildung der — bei Pocken 22.
Kunstwollfabriken
Ansteckung in — 7; Impfung der Arbeiter in — 23.

Lagerstellen
Desinfektion der — 29.
Landesbehörde, zuständige,
Anhalten der Gemeinden zur Ausführung der Schutzmaßregeln seitens der — 18; Ausführungen der Schutzmaßregeln durch die — 16.
Landesrecht
Regelung der Zuständigkeit der Behörden und der Kosten durch — 18.
Landesregierungen
Anordnung der Maßregeln durch — 18.
Landstreicher
Verschärfte Beobachtung der — 9.
Leder
Desinfektion von —sachen 28.
Leibwäsche
Ausfuhrverbot für gebrauchte — 14; Desinfektion der — 10, 12, 14, 28; häufiges Wechseln der — 22; Übertragung der Pocken durch — 21.
Leichen
Ausstellung der — 11; Beförderung der — 11; Behandlung der — 11, 29.
Leichenfrau
Impfung der — 13, 23.
Leichengefolge
Beschränkung des — 11; Verbot des Eintritts in das Sterbehaus für — 11.
Leichenhaus
Überführung der Leiche in — 11, 23.
Leichenschau
Einführung der — 12.
Leichenschauer
Anzeigepflicht des — 5; Auskunfterteilung des — 6; Schutzpockenimpfung des — 13.
Leichtkranke
Große Gefahr der — für Weiterschleppung der Krankheit 22, 45.
Lumpen
Ansteckung durch — 7; Impfung der Arbeiter in Reinigungsanstalten für — 23; Verbot des gewerbsmäßigen Einsammelns der — 14.
Lumpensammler
Gefährdung der — 22.

Marine
Schutzmaßregeln in der — 17.
Marinebehörde
Benachrichtigung und Nachweise an das Reichsgesundheitsamt seitens der — 18; Mitteilungen von Erkrankungen an — 16; Mitteilungen von Erkrankungen seitens der — 17.
Markt
Verbot des — 14.
Maßregeln bei gehäuftem Auftreten der Pocken 13.
Maßregeln gegen die Weiterverbreitung der Krankheit 7.
Matratzen
Desinfektion der — 28.
Matten
Desinfektion der — in Personenwagen 34.
Medizinalbeamter
Ausstellung von Zählkarten durch — 18.
Meldekarten
Abgabe der — 5.
Messe
Verbot der — 14.
Metallteile an Möbeln
Desinfektion der — 30.
Militärbehörde
Ausführung der Schutzmaßregeln durch — 17; Benachrichtigung und Nachweise an das Reichsgesundheitsamt seitens der — 18; Mitteilungen von Erkrankungen an — 16; Mitteilung von Erkrankungen seitens der — 17.
Militärgebäude
Erkrankung im — 17.
Mitreisende
Absonderung der — 33, 36.
Mitteilungen an das Reichsgesundheitsamt 17.

Mittel, öffentliche,
Deckung der Kosten aus — 18.
Möbel, Möbelbezüge
Desinfektion der — 30.

Nachtgeschirr
Desinfektion des — 27.
Nahrungsmittel
Beschränkung, Schließung der Verkaufsstellen von — 11.
Nasenschleim
Desinfektion des — 27.

Oberflächendesinfektion 30.
Oberkleider
Anlegen der — seitens der Desinfektoren 35.
Ortschaften
Ermittelungen in — über 10 000 Einwohnern 6.
Ortsvorsteher
Ausführung der Anordnungen des beamteten Arztes durch — 7.

Papierabfälle
Verkehrsverbot für alte — 14.
Papierfabriken
Ansteckung in — 7; Impfung der Arbeiter in — 23.
Pelzwerk
Desinfektion des — 28.
Person, ansteckungsverdächtige,
Ausschluß der — von Erteilung des Schulunterrichts 10.
Person, jugendliche,
Fernhaltung der — von der Schule 10.
Person, obdachlose,
verschärfte Beobachtung der — 9.
Person, zugereiste,
Anmeldung der — 15.
Personenwagen
Desinfektion des — 34.
Pflegeanstalt
Anzeigepflicht des Vorstehers der — 5; Auskunfterteilung durch Vorsteher der — 6.
Pflegepersonal
Anzeigepflicht des — 5; Auskunfterteilung durch — 6; Befolgung der Desinfektionsvorschriften seitens des — 10, 46; Impfung des — 10, 13; Sicherstellung des Bedarfs an — 13; Vermeidung des Verkehrs mit Gesunden 10.
Plüschbezüge
Desinfektion der — 30.

Pocken
Übertragung, Krankheitserscheinungen, Krankheitsverlauf der — 21 ff.
Pockenausschlag 21.
Pockenkrusten 22.
Pockenpustel 21.
Polizeibehörde
Anordnung der Bekämpfungsmaßregeln durch — 7; Abgabe gemeinverständlicher Belehrungen — 10; Anordnung der Desinfektion seitens der — 10; Bekanntmachung der — betreffs Anzeigepflicht bei Pocken 13; Benachrichtigung des beamteten Arztes durch — 6; Benachrichtigung der — bei Aufenthaltswechsel unter Beobachtung Stehender 9; Hinweis des Haushaltungsvorstandes durch — auf Ansteckungsgefahr der Pocken 10; Mitteilung von Erkrankungen während der Eisenbahnfahrt an — 33, 34, 36; Sicherstellung des Bedarfs an Ärzten, Desinfektionsmitteln usw. seitens der — 13; Verzeichnis der Erkrankten usw. an — durch beamteten Arzt 9.
Postverkehr
Ausführungen der Schutzmaßregeln im — 16; Unzulässigkeit weitergehender Beschränkung im — 15.
Postwagen
Desinfektion des — 35.

Ratschläge an Ärzte für die Bekämpfung der Pocken 41.
Raum, abschließbarer,
für Leichenaufbewahrung 11.
Räume
Desinfektion der — für Kranke 26, 29.
Reichsbehörden
Ausführungen der Schutzmaßregeln durch — 16.
Reichsgesundheitsamt s. Gesundheitsamt, Reichs-.
Reisegepäck
Desinfektion des — 14, 33.
Reisender
Desinfektion der Wäsche usw. des — 33; Regelmäßige Untersuchung des — 32.
Roßhaare
Ansteckung durch — 7; Impfung der Arbeiter in Reinigungsanstalten für — 23; Verkehrsverbot für gebrauchte — 14.

Sägemehl
Füllung des Sarges mit — 11, 29.
Sarg
Füllung und Schließung des — 11, 29.
Schaffner
Verhalten des — bei Erkrankungen während der Fahrt 32, 35.
Schiffe
Anzeigepflicht auf — 5; Desinfektion auf — 31.
Schlafwagen
Desinfektion des — 35.
Schlußdesinfektion
nach Ableben oder Überführung in ein Krankenhaus 12, 47; — vor Aufhebung der Schutzmaßregeln 12.
Schmutzwasser
Desinfektion des — 27.
Schorf
Desinfektion des — 27.
Schule
Fernhaltung jugendlicher Personen von der — 10; Schließung der — 10, 14.
Schulhaus
Erkrankung im — 10.
Schulunterricht
Ausschluß von Erteilung des — 10.
Schutzmaßregeln
seitens der Reichs- und Landesbehörden 16.
Schutzpockenimpfung
durch beamteten Arzt 6, 47; Durchführung der — 13, 23.
Seelsorger
Schutzpockenimpfung des — 13, 23.
Seeschiffe
gesundheitspolizeiliche Überwachung der — 16.
Spielplätze
Meidung der — seitens Ansteckungsverdächtiger 9.
Spuckgefäße
Desinfektion der — 27.
Station mit verfügbaren Ärzten 32; — zur Krankenübergabe 32.
Stationsbeamter.
Benachrichtigung der Krankenübergabestation durch den — 32, 36; Mitteilung an Betriebsbehörde 34; an Polizeibehörde durch den — 33, 34, 36.
Sterbehaus
Verbot der Ausstellung der Leiche im — 11, 23; Verbot des Eintritts in das — 11.

Stoffe, aufsaugende,
Füllung des Sarges mit — 11.
Straßenbahnwagen
Desinfektion der — 8, 30; Fortschaffung von Kranken in — 8.
Strohsäcke
Desinfektion der — 28; Verbrennung der — 29.
Stuhlentleerungen
Desinfektion der — 26.
Sublimat 24.

Telegraphenverkehr
Schutzmaßregeln im — 16.
Teppiche
Desinfektion der — 28.
Todesfall
Anzeige des — 5.
Torfmull
Füllung des Sarges mit — 11, 29.
Trinkgeschirr
Desinfektion des — 10, 27.

Übertragung der Pocken
Arten der — 21, 41.
Übertragungen in Krankenhäusern 47.
Übungsgelände, militärisches,
Meldung von Erkrankungen in Ortschaften des — 16.
Umzugsgut
unterliegt keinem Ausfuhrverbot 14.
Unterkunftsraum, zur Krankenaufnahme geeigneter,
Sicherstellung des Bedarfs an — 13; Überführung in — 8.
Unterrichtsveranstaltungen
Ausschluß von — 10; Schließung der — 10, 14.
Urin
Desinfektion des — 10, 26.
Urkundsperson
Schutzpockenimpfung der — 13; Verkehr der — mit Kranken 7.

Verbandgegenstände
Desinfektion der — 10, 27; Sicherstellung des Bedarfs an — 13; Vernichtung der — 22.
Verdächtige Erkrankungen
Verfahren bei — 7, 46.
Verhaltungsmaßregeln
für das Eisenbahnpersonal bei pockenverdächtigen Erkrankungen auf der Eisenbahnfahrt 34, 35.

Verkehr
Gefahr des — mit Kranken 22; Untersagung des — Ansteckungsverdächtiger an bestimmten Orten 9.

Vernichtung
wertloser Gegenstände 12.

Versammlungsorte, öffentliche
Verbot des Besuches der — seitens Ansteckungsverdächtiger 9.

Verwaltungsbehörde, höhere
Anordnung der Meldung zugereister Personen durch — 15.

Vorhänge
Desinfektion der — 34.

Vorschriften
Allgemeine — 18; — für besondere Verhältnisse 15.

Vorsichtsmaßregeln
beim Waschen der Leiche 11.

Wagenabteil
Desinfektion des — 15, 34.

Wartepersonal s. Pflegepersonal.

Wartung und Pflege 46.

Waschbecken
Desinfektion des — 27.

Wäsche
Ausfuhrverbot von gebrauchter — 14; Desinfektion der — von Reisenden 33.

Wäscherin
Schutzpockenimpfung der — 13.

Waschung der Leichen
Vorsichtsmaßregel bei der — 11.

Waschwasser
Desinfektion des — 10.

Wasserdampf 25.

Wehrkreiskommando
Mitteilungen an — 17.

Wiederimpfung
der einer Ansteckung ausgesetzten Personen 23.

Windpocken
Anzeigepflicht bei — 13; Krankheitsverlauf 44.

Wirtschaften
Meidung der — seitens Ansteckungsverdächtiger 9.

Wochennachweise 17; Muster für — 37.

Wohnungsinhaber
Anzeigepflicht des — 5; Auskunfterteilung durch — 6.

Wohnung
Kenntlichmachung der infizierten — 11.

Wundausscheidungen
Desinfektion der — 27.

Zählkarten
Ausfüllung der — durch den Medizinalbeamten 18; Einsendung der — an Reichsgesundheitsamt 18; Muster 38.

Zeitungen
Keine Desinfektion der — 34.

Zigeuner
verschärfte Beobachtung der — 9.

Zollrevisionsstationen
Desinfektionen des Reisegepäcks usw. auf — 33; Untersuchung der Erkrankten auf — 32.

Zugführer
Verhalten des — bei Erkrankungen im Zuge 32, 36.

Zugpersonal
Desinfektion des — 35, 36; Impfung des — 35.

Zutritt
des beamteten Arztes zu dem Kranken und zur Leiche 6.

Zwangsimpfungen 13.

Zwischenstation
Aussteigen des Kranken auf der — 32, 36; Meldung des Zugführers an den diensttuenden Beamten der — 32, 36.

MIX
Papier aus verantwortungsvollen Quellen
Paper from responsible sources
FSC® C105338

If you have any concerns about our products,
you can contact us on
ProductSafety@springernature.com

In case Publisher is established outside the EU,
the EU authorized representative is:
Springer Nature Customer Service Center GmbH
Europaplatz 3, 69115 Heidelberg, Germany

Printed by Libri Plureos GmbH
in Hamburg, Germany